NORMAS SANITARIAS PARA CEMENTERIOS

Joaquín Gámez de la Hoz
Ana Padilla Fortes
Ana Rubio García

1ª Edición

Lulu
Enterprises, Inc.

TÍTULO
Normas sanitarias para cementerios

Serie: *Científico-Técnica*

AUTORES
Joaquín J. Gámez de la Hoz
Ana Padilla Fortes
Ana Rubio García

EDITA
© Lulu Enterprises, Inc.
3101 Hillsborough St. - Raleigh, North Carolina 27607 (USA)
Telephone: +1 919.447.3290
Email: pr@lulu.com
www.lulupresscenter.com

ISBN: 978-1-291-31809-8
DEPÓSITO LEGAL: MA-223-2013

Impreso en España / *Printed in Spain*

Reservados todos los derechos.
Queda prohibida, cualquier forma de reproducción, distribución, comunicación pública y transformación total ni parcial del contenido de este libro sin contar con la autorización expresa por escrito del titular de la propiedad intelectual: La infracción de los derechos mencionados puede ser constitutiva de delito contra la propiedad intelectual (arts. 270 y ss. Código Penal).

FICHA CATALOGRÁFICA

GÁMEZ DE LA HOZ, Joaquín J. Normas sanitarias para cementerios /[autores: Joaquín J Gámez de la Hoz, Ana Padilla Fortes, Ana Rubio García]. -1ª Ed. [Málaga], 2013 Nº pág: 164, ilustraciones (c/bn); (24 cm)
ISBN: 978-1-291-31809-8
Descriptores: Cementerio. Policía Mortuoria. Sanidad. Nichos. Salud Pública.

Este libro es una obra unitaria no periódica que se compone de 164 páginas, sin incluir las de cubierta, contiene un índice, 18 capítulos, un anexo y bibliografía, ajustada a la definición de libro propuesta por la UNESCO (1964) sobre recomendaciones para publicaciones.

Joaquín Gámez de la Hoz es Licenciado en Biología por la Universidad de Málaga. Trabaja como Experto en Sanidad Ambiental del Cuerpo Superior de Técnicos de Salud del Servicio Andaluz de Salud, donde ha sido miembro de la Comisión Consultiva de Gestión Ambiental. Ha trabajado como coordinador de los servicios inspección sanitaria del Distrito Coin-Guadalhorce en Málaga. Ha sido asesor del Ministerio Fiscal en delitos contra la salud pública. Tiene publicados numerosos artículos en revistas científico-técnicas y ha participado en Congresos de la Sociedad Española de Sanidad Ambiental.

Ana Padilla Fortes es Licenciada por la Universidad de Málaga. Trabaja como Prevencionista del Servicio Andaluz de Salud. Es Experta en Dirección y Gestión de Servicios de Prevención y Salud Laboral. Especialista en Seguridad en el Trabajo, Higiene Industrial, Ergonomía y Psicosociología aplicada. Es asesora del Comité de Seguridad y Salud del Complejo Hospitalario Carlos Haya y del Distrito Sanitario Málaga. Ha conseguido la acreditación de Unidades de Gestión Clínica por la Agencia de Calidad Sanitaria de Andalucía en indicadores de prevención de riesgos laborales. Tiene una amplia experiencia profesional en Salud Laboral y Seguridad en el Trabajo en la empresa privada. Ha sido docente en la Fundación Laboral de la Construcción y en el máster de técnico superior en prevención de riesgos laborales del Instituto Andaluz de Administración Pública.

Ana Rubio García es Licenciada en Farmacia por la Universidad de Granada, Master en Salud Pública y Gestión Sanitaria, Experta en Gestión Ambiental de Centros Sanitarios. Trabaja como Experta en Sanidad Ambiental del Cuerpo Superior de Técnicos de Salud de Atención Primaria del Servicio Andaluz de Salud, ha participado activamente en actividades y programas de Salud Ambiental, coopera en el Plan de acción Agenda 21, sector Agua de la ciudad de Córdoba, ha dirigido el Grupo de Trabajo para el control de Legionella en Hospitales en el III Plan Andaluz de Salud de la Junta de Andalucía. Coordinadora de los servicios de inspección de sanidad ambiental en el área Norte de la provincia y en la capital de Córdoba. Presidenta y cofundadora de la Asociación Andaluza de Sanidad Ambiental.

PRESENTACIÓN

Durante siglos los cementerios han sido tratados como lugares sanitarios situados en los extrarradios de las ciudades, que han ido evolucionando hacia jardines o museos utilizados como espacio de contemplación, paseo, oración y meditación, incluso como atracción turística.

Pero no sólo la cultura en torno a la muerte y el valor cultural, artístico o arquitectónico de las construcciones funerarias son hechos ampliamente reconocidos, sino que la planificación y ejecución de los camposantos son aspectos abordados en las normativas que regulan este tipo de establecimientos de uso público. Es bien sabida la relación entre las cuestiones sanitarias y los cementerios, lo que explica la existencia de un intenso escenario normativo en territorio español.

La presente publicación recopila los requisitos técnicos específicos relativos a las condiciones sanitarias de los cementerios y construcciones funerarias asociadas de las 17 comunidades autónomas españolas, proporcionando un compendio de las principales diferencias y elementos en común contemplados en las distintas normas de sanidad ambiental. Se exceptúan aquellas comunidades donde se sigue aplicando la normativa nacional, por carecer de un reglamento autonómico propio. Con esta guía práctica pretendemos que sirva de herramienta de consulta tanto para el sector profesional (proyectistas, empresas funerarias, gestores, fabricantes, constructores, etc), administraciones públicas en sus diferentes niveles, así como la sociedad civil en su conjunto (asociaciones, agentes sociales, usuarios…), con el propósito de difundir los criterios mínimos necesarios para lograr ambientes libres de riesgos en espacios de uso colectivo.

Autores
Joaquín Gámez de la Hoz
Ana Padilla Fortes
Ana Rubio García

INDICE

Introducción 7

CAPÍTULO 1: Normas técnico-sanitarias para cementerios de Andalucía
1.1. Requisitos de emplazamiento 11
1.2. Proyectos técnicos de construcción y reforma 12
1.3. Instalaciones, equipamientos y servicios 14
1.4. Clausura de cementerios 16

CAPÍTULO 2: Normas técnico-sanitarias para cementerios de Asturias
2.1. Requisitos de emplazamiento 21
2.2. Proyectos técnicos de construcción y reforma 21
2.3. Instalaciones, equipamientos y servicios 21
2.4. Clausura de cementerios 22

CAPÍTULO 3: Normas técnico-sanitarias para cementerios de Aragón
3.1. Requisitos de emplazamiento 25
3.2. Proyectos técnicos de construcción y reforma 26
3.3. Instalaciones, equipamientos y servicios 28
3.4. Clausura de cementerios 31

CAPÍTULO 4: Normas técnico-sanitarias para cementerios de Cantabria
4.1. Requisitos de emplazamiento 35
4.2. Proyectos técnicos de construcción y reforma 36
4.3. Instalaciones, equipamientos y servicios 37
4.4. Clausura de cementerios 40

CAPÍTULO 5: Normas técnico-sanitarias para cementerios de Castilla y La Mancha
5.1. Requisitos de emplazamiento ... 43
5.2. Proyectos técnicos de construcción y reforma ... 43
5.3. Instalaciones, equipamientos y servicios ... 45
5.4. Clausura de cementerios ... 48

CAPÍTULO 6: Normas técnico-sanitarias para cementerios de Castilla y León
6.1. Requisitos de emplazamiento ... 53
6.2. Proyectos técnicos de construcción y reforma ... 54
6.3. Instalaciones, equipamientos y servicios ... 55
6.4. Clausura de cementerios ... 58

CAPÍTULO 7: Normas técnico-sanitarias para cementerios de Cataluña
7.1. Requisitos de emplazamiento ... 63
7.2. Proyectos técnicos de construcción y reforma ... 65
7.3. Instalaciones, equipamientos y servicios ... 67
7.4. Clausura de cementerios ... 69

CAPÍTULO 8: Normas técnico-sanitarias para cementerios de Extremadura
8.1. Requisitos de emplazamiento ... 73
8.2. Proyectos técnicos de construcción y reforma ... 74
8.3. Instalaciones, equipamientos y servicios ... 76
8.4. Clausura de cementerios ... 80

CAPÍTULO 9: Normas técnico-sanitarias para cementerios de Galicia
9.1. Requisitos de emplazamiento ... 83
9.2. Proyectos técnicos de construcción y reforma ... 83
9.3. Instalaciones, equipamientos y servicios ... 85
9.4. Clausura de cementerios ... 87

CAPÍTULO 10: Normas técnico-sanitarias para cementerios de las Islas Baleares
10.1. Requisitos de emplazamiento ... 91
10.2. Proyectos técnicos de construcción y reforma ... 92
10.3. Instalaciones, equipamientos y servicios ... 94
10.4. Clausura de cementerios ... 98

CAPÍTULO 11: Normas técnico-sanitarias para cementerios de Madrid
11.1. Requisitos de emplazamiento ... 101
11.2. Proyectos técnicos de construcción y reforma ... 101
11.3. Instalaciones, equipamientos y servicios ... 102
11.4. Clausura de cementerios ... 104

CAPÍTULO 12: Normas técnico-sanitarias para cementerios de Navarra
12.1. Requisitos de emplazamiento ... 107
12.2. Proyectos técnicos de construcción, ampliación y reforma ... 107
12.3. Instalaciones, equipamientos y servicios ... 109
12.4. Clausura de cementerios ... 111

CAPÍTULO 13: Normas técnico-sanitarias para cementerios del País Valenciano
13.1. Requisitos de emplazamiento ... 115
13.2. Proyectos técnicos de construcción y reforma ... 116
13.3. Instalaciones, equipamientos y servicios ... 117
13.4. Clausura de cementerios ... 122

CAPÍTULO 14: Normas técnico-sanitarias para cementerios del País Vasco
14.1. Requisitos de emplazamiento ... 127
14.2. Proyectos técnicos de construcción y reforma ... 128
14.3. Instalaciones, equipamientos y servicios ... 129
14.4. Clausura de cementerios ... 131

CAPÍTULO 15: Normas técnico-sanitarias para cementerios de La Rioja
15.1. Requisitos de emplazamiento ... 135
15.2. Proyectos técnicos de construcción y reforma ... 136
15.3. Instalaciones, equipamientos y servicios ... 137
15.4. Clausura de cementerios ... 140

CAPÍTULO 16: Normas técnico-sanitarias para cementerios de la ciudad de Ceuta
16.1. Requisitos de emplazamiento ... 145
16.2. Proyectos técnicos de construcción y reforma ... 146
16.3. Instalaciones, equipamientos y servicios ... 147
16.4. Clausura de cementerios ... 149

CAPÍTULO 17: Normas técnico-sanitarias para cementerios en el ámbito nacional (España)
17.1. Requisitos de emplazamiento ... 153
17.2. Proyectos técnicos de construcción y reforma ... 154
17.3. Instalaciones, equipamientos y servicios ... 155
17.4. Clausura de cementerios ... 158

Bibliografía ... 161

SANIDAD 6 AMBIENTAL

INTRODUCCIÓN

Los reglamentos de policía sanitaria mortuoria son aprobados por normas autonómicas con rango de Decreto, al margen de otra normativa sectorial de aplicación reguladora de elementos presentes en las instalaciones asociadas (código técnico de la edificación, planes de ordenación urbana, reglamentos de calidad del aire, autopsias clínicas, residuos, patrimonio-histórico, reglamento electrotécnico, etc).

Estos reglamentos, publicados en los boletines o diarios oficiales de los gobiernos de las comunidades autónomas, son de obligado cumplimiento. Establecen las responsabilidades legales en materia de seguridad y salud en los cementerios, construcciones funerarias, servicios e instalaciones asociadas. Estos deberes alcanzan a una amplia variedad de agentes relacionados con la construcción, funcionamiento y conservación de los cementerios: titulares de las instalaciones, gestores, diseñadores, proyectistas, constructores, fabricante, instaladores, empresas funerarias, control de plagas, etc.

El objetivo fundamental de los reglamentos es garantizar la seguridad de las instalaciones y la protección de la salud pública. Para dicho propósito se establecen un conjunto de estándares verificables y criterios de seguridad para el diseño y su funcionamiento, cuyo enfoque difiere en cada comunidad autónoma, atendiendo a factores sociales, sanitarios, económicos y ambientales característicos de cada territorio.

A continuación se presenta por cada comunidad autónoma, estructurados por capítulos, los requisitos de seguridad y salud relativos a los cementerios y sus construcciones funerarias asociadas.

CAPÍTULO 1

NORMAS TÉCNICO-SANITARIAS PARA CEMENTERIOS DE ANDALUCÍA

Autores

Joaquín Gámez de la Hoz
Ana Padilla Fortes
Ana Rubio García

1.1. Requisitos de emplazamiento
1.2. Proyectos técnicos de construcción, ampliación y reforma
1.3. Instalaciones, equipamientos y servicios
1.4. Clausura de cementerios

1. Normas sanitarias para cementerios de Andalucía

1.1. Requisitos de emplazamiento

Cada municipio deberá disponer, al menos, de un cementerio municipal o supramunicipal con características adecuadas a su población. Su capacidad será calculada teniendo en cuenta el número de defunciones ocurridas en los correspondientes términos municipales durante el último decenio, especificadas por años, y deberá ser suficiente para que no sea necesario el levantamiento de sepulturas en el plazo de, al menos, 25 años.

El emplazamiento de cementerios de nueva construcción deberá cumplir los siguientes requisitos:

a) Los terrenos serán permeables.
b) Alrededor del suelo destinado a la construcción del cementerio se establecerá una zona de protección de 50 metros de anchura, libre de toda construcción, que podrá ser ajardinada.
c) A partir del recinto de esta primera zona de protección se establecerá una segunda zona, cuya anchura mínima será de 200 metros, que no podrá destinarse a uso residencial.

La ampliación de cementerios que suponga incremento de su superficie estará sujeta a los mismos requisitos de emplazamiento que los de nueva construcción. No obstante, la zona de protección prevista en el apartado b), podrá reducirse hasta un mínimo de 25 metros.

Se entiende por ampliación, toda modificación que suponga incremento de su superficie o aumento del número total de sepulturas previstas en el proyecto inicial.

Las diferentes figuras del planeamiento urbanístico en Andalucía deberán ajustarse, en el momento de su revisión y en el supuesto de nuevo planeamiento, a las normas sobre emplazamiento de cementerios previstas por este Reglamento.

1.2. Proyectos técnicos de construcción, ampliación y reforma

La construcción de los cementerios públicos y privados requerirá la obtención de las autorizaciones y el cumplimiento de los requisitos establecidos en el Reglamento de Sanidad Mortuoria.

La aprobación de los proyectos de construcción, ampliación y reforma de cementerios públicos o privados se realizará mediante la tramitación del correspondiente procedimiento administrativo, instruido por los municipios u órganos mancomunados y resuelto por las Delegaciones Provinciales de la Consejería de Salud.

Los expedientes de construcción y ampliación de cementerios deberán incluir la siguiente documentación:

a) Informe emitido por el Ayuntamiento, en el que conste que el emplazamiento que se pretende es el previsto en el planeamiento urbanístico vigente.
b) Informe geológico, emitido por técnico competente, en el que se detallen las principales características del terreno en relación con los fines a los que se dedica, su permeabilidad y la profundidad de la capa freática, acreditando que no existe riesgo de contaminación de acuíferos susceptibles de suministro de agua a la población.
c) Proyecto, que contendrá planos urbanísticos de situación y memoria descriptiva en la que se indique:
    - La extensión y capacidad previstas.
    - La distancia mínima, en línea recta, de la zona de población más próxima y de la prevista en la figura de planeamiento urbanístico vigente.
    - Distribución de los distintos servicios, recintos, edificios y jardines.
    - Clase de obra y materiales que se han de emplear en los muros de cerramiento y en las edificaciones.

Los expedientes de reforma de cementerios y los de ampliación que no supongan aumento de superficie deberán incluir la misma documentación, excepto el estudio geológico y el informe urbanístico.

La Dirección General de Salud Pública y Participación, previo informe del Delegado Provincial de la Consejería de Salud, podrá aprobar el proyecto y autorizar la construcción de panteones especiales, tales como criptas y bóvedas, en Iglesias y recintos distintos de los cementerios.

Previo a su puesta en funcionamiento, la persona interesada o aquella que, en su caso, la represente, deberá presentar ante el Ayuntamiento competente una declaración responsable sobre el cumplimiento de las normas y demás requisitos técnico-sanitarios establecidos en el Reglamento de Sanidad Mortuoria, la disponibilidad de la documentación que lo acredita, a la vez que se compromete a mantener su cumplimiento en el tiempo durante el que se desarrolle la actividad del cementerio. De conformidad con lo establecido en el artículo 71 bis.3 de la Ley 30/1992, de 26 de noviembre, de Régimen Jurídico de las Administraciones Públicas y del Procedimiento Administrativo Común, la presentación de la declaración responsable facultará para el ejercicio de la actividad, desde el día de su presentación, sin perjuicio de las facultades de comprobación, control e inspección atribuidas a las Administraciones autonómica y municipal, pudiendo adoptarse las medidas cautelares o sancionadoras que, en su caso, correspondan.

Cripta-Panteón Condes de Buenavista en el Santuario Nª Señora de la Victoria (Málaga)

De acuerdo con el primer párrafo del apartado 4 del artículo 71 bis de la mencionada Ley, la inexactitud, falsedad u omisión, de carácter esencial, en cualquier dato, manifestación o documento que se acompañe o incorpore a la declaración responsable, o la no presentación de la misma, determinará la imposibilidad de continuar con el ejercicio de la actividad afectada desde el momento en que se tenga constancia de tales hechos, sin perjuicio de las responsabilidades penales, civiles o administrativas a que hubiera lugar, y de la posibilidad de que, mediante previa resolución administrativa que declare tales circunstancias, se le pueda exigir la obligación de restituir la situación jurídica al momento previo al inicio de la actividad, así como la imposibilidad de instar un nuevo procedimiento con el mismo objeto durante un período de tiempo determinado, todo ello conforme a los términos establecidos en las normas sectoriales de aplicación.

En el plazo máximo de diez días, a contar desde la fecha de recepción de la declaración responsable en el registro del Ayuntamiento en cuestión, éste remitirá a la correspondiente Delegación Provincial de la Consejería competente en materia de Salud, la citada declaración.

La Delegación Provincial de la Consejería competente en materia de Salud emitirá un informe en el plazo de un mes, a computar desde la fecha de recepción de la declaración por la Delegación Provincial, que se pronunciará sobre la adecuación de las instalaciones a los requisitos establecidos en el Reglamento de Sanidad Mortuoria. El informe será notificado al Ayuntamiento. Transcurrido el plazo señalado sin que la Delegación Provincial hubiera notificado el informe, se entenderá favorable.

1.3. Instalaciones, equipamientos y servicios

Todos los cementerios tendrán, en buen estado de conservación, un local destinado a **depósito de cadáveres** que estará compuesto, al menos, de dos departamentos independientes, uno para el depósito de cadáveres propiamente dicho y el otro accesible al público y separado del anterior por un tabique completo con una cristalera que permita la visión del cadáver. Los huecos de ventilación estarán provistos de tela metálica de malla fina para evitar el acceso de los insectos al cadáver. Las paredes serán lisas y de material lavable y el suelo, impermeable.

Los cementerios municipales de municipios mayores de 50.000 habitantes tendrán, además, una **cámara frigorífica** con capacidad, como mínimo, para dos cadáveres, que se incrementará a razón de una plaza más por cada 50.000 habitantes.

Los cementerios municipales de municipios mayores de 100.000 habitantes tendrán, además de lo indicado anteriormente, un **crematorio de cadáveres**. La ubicación de los crematorios será coherente con la ordenación urbanística. En el caso de que estos municipios cuenten con más de un cementerio, el crematorio podrá instalarse en uno de ellos.

Además del horno, los crematorios deberán disponer de una antesala con sala de espera y sala de despedida desde donde se podrá presenciar la introducción del féretro en el horno crematorio.

Los proyectos de nuevos hornos crematorios se someterán al procedimiento establecido en el Decreto 74/1996, de 20 de febrero, por el que se aprueba el Reglamento de la calidad del aire (derogado por Decreto 239/2011, de 12 de julio, por el que se regula la calidad del medio ambiente atmosférico y se crea el registro de sistemas de evaluación de la calidad del aire en Andalucía). Asimismo, las emisiones a la atmósfera, tanto de las instalaciones nuevas como de las existentes, no sobrepasarán los niveles límite contemplado en la legislación vigente y serán inspeccionadas de acuerdo con el citado Decreto.

Todos los cementerios estarán provistos de luz eléctrica y de servicios higiénicos para los visitantes y para el personal, estos últimos dotados de, al menos, una ducha con agua caliente.

Contarán con un **horno** destinado a la destrucción de ropas y objetos, que no sean restos humanos, procedentes de la evacuación y limpieza de sepulturas.

Asimismo, dispondrán de un servicio municipal o contratado de control de plagas, de acuerdo con lo previsto en el Decreto 8/1995, de 24 de enero, por el que se aprueba el Reglamento de Desinfección, Desinsectación y Desratización Sanitaria.

Sepulturas, Nichos y Columbarios

Las sepulturas, nichos y columbarios cumplirán las siguientes condiciones:

1. Sepulturas: Las fosas tendrán unas dimensiones mínimas de 0,80 metros de ancho, 2,10 metros de largo y 2,00 metros de profundidad.

2. Nichos: Los nichos tendrán como mínimo 0,80 metros de ancho por 0,65 metros de altura y 2,50 metros de profundidad. Los de niños, 0,50 metros por 0,50 metros por 1,60 metros, respectivamente.

Cementerio de San Rafael (Málaga): Fosas ejecutados guerra civil española.

Si los nichos son construidos por el sistema tradicional, su separación será de 0,28 metros en vertical y 0,21 metros en horizontal.

Los bloques de nichos tendrán una altura máxima de cinco filas.

El suelo de los nichos tendrá una pendiente mínima hacia el interior de un 1%.

Los nichos se taparán inmediatamente después de la inhumación con un doble tabique de 0,05 metros de espacio libre.

Las Delegaciones Provinciales de la Consejería de Salud estudiarán y resolverán en cada expediente de construcción, reforma o ampliación de cementerios, la utilización, para la construcción de nichos, de nuevos materiales o técnicas constructivas diferentes a las tradicionales, siempre que se garantice que se producirá el proceso de descomposición cadavérica y mineralización en condiciones apropiadas, y así se acredite mediante los informes y pruebas técnicas pertinentes.

3. Columbarios: Tendrán como mínimo 0,40 metros de ancho, 0,40 metros de alto y 0,60 metros de profundidad.

Cada cementerio dispondrá de un **osario general**, con capacidad suficiente, destinado a recoger los restos cadavéricos provenientes de las exhumaciones, y una zona destinada al enterramiento de restos humanos provenientes de abortos, mutilaciones e intervenciones quirúrgicas.

Deberá existir, asimismo, una zona de tierra para el esparcimiento de cenizas.

1.4. Clausura de cementerios

Los cementerios no podrán ser desafectados, ni cambiar de destino o uso, en el caso de los cementerios privados, hasta que hayan transcurrido, como mínimo, diez años desde la última inhumación, salvo por razones de interés público que lo aconsejen.

La clausura de un cementerio requerirá el siguiente procedimiento:

-Suspensión definitiva de enterramiento previa Resolución del Delegado Provincial de la Consejería de Salud, a petición del Ayuntamiento o del titular del cementerio.

-Transcurridos 10 años desde la última inhumación, el Ayuntamiento podrá iniciar el expediente de clausura definitiva, que conllevará la exhumación y posterior inhumación o cremación de los restos en otro cementerio.

-El Ayuntamiento o, en su caso, el titular del cementerio estará obligado a informar sobre sus intenciones con una antelación mínima de 3 meses, mediante su publicación en el «Boletín Oficial del Estado», el «Boletín Oficial de la Junta de Andalucía», el «Boletín Oficial de la Provincia» y el periódico de mayor tirada de la provincia, a fin de que las familias de los inhumados puedan adoptar las medidas que su derecho les permita.

Finalizados los trámites anteriores, el Delegado Provincial de la Consejería de Salud dictará Resolución autorizando la clausura definitiva, pudiendo ser exhumados de oficio los restos cadavéricos existentes.

CAPÍTULO 2

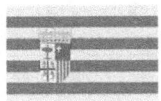

NORMAS TÉCNICO-SANITARIAS PARA CEMENTERIOS DE ARAGÓN

Autores

Joaquín Gámez de la Hoz
Ana Padilla Fortes
Ana Rubio García

2.1. Requisitos de emplazamiento
2.2. Proyectos técnicos de construcción, ampliación y reforma
2.3. Instalaciones, equipamientos y servicios
2.4. Clausura de cementerios

2. Normas técnico-sanitarias para cementerios de Aragón

2.1. Requisitos de emplazamiento

Los cementerios de nueva construcción se emplazarán sobre terrenos permeables y a una distancia no inferior a 250 metros de los núcleos de población, o del límite del suelo urbano, urbanizable o apto para urbanizar de uso residencial, según los casos, excepto que una distancia menor fuere autorizada por el Director General de Salud Pública a propuesta del Director de Sanidad y Consumo del Servicio Provincial de Sanidad, Bienestar Social y Trabajo competente en razón de la ubicación e informe técnico del Departamento de Ordenación Territorial, Obras Públicas y Transportes.

2.2. Proyectos técnicos de construcción, ampliación y reforma

Los expedientes de construcción, ampliación y reforma de cementerios serán resueltos por el Director de Sanidad y Consumo correspondiente. En dichos expedientes, excepto en los de reforma, deberá aportarse un informe del Departamento de Ordenación Territorial, Obras Públicas y Transportes sobre su emplazamiento y un informe del Instituto Tecnológico Geominero de España o del Departamento de Economía, Hacienda y Fomento de la Diputación General de Aragón, sobre la permeabilidad del terreno, acreditando que no hay peligro de contaminación de ningún abastecimiento de agua.

2.3. Instalaciones, equipamientos y servicios

Sepulturas, Nichos y Columbarios

Para la construcción de nichos se podrán utilizar técnicas constructivas diferentes a la obra tradicional.

Aunque las distancias entre nichos puedan variar, el sistema deberá evitar la salida al exterior de los líquidos, olores y facilitar la destrucción del cuerpo, aislando totalmente este proceso del medio ambiente por razones sanitarias y de higiene.

En los bloques de nichos, aunque los materiales utilizados en su construcción sean impermeables, cada unidad de enterramiento y el sistema en su conjunto será permeable, asegurándose un drenaje adecuado y una expansión de los gases en condiciones de inocuidad y salida al exterior por la parte más elevada.

Cuando en la construcción de nichos, sepulturas o bloques de nichos se utilicen técnicas y sistemas diferentes a la obra tradicional, deberán ser autorizadas por la Dirección General de Salud Pública del Departamento de Sanidad, Bienestar Social y Trabajo, previa solicitud a la que se acompañará una memoria explicativa que incluya todos aquellos detalles gráficos o escritos que definan el sistema que se pretende utilizar e informe del técnico responsable, visado por el Colegio Oficial correspondiente.

Féretro con Isabel de Portugal
(Óleo sobre lienzo, José Moreno Carbonero, Málaga)

2.4. Clausura de cementerios

Será de aplicación lo dispuesto en el Decreto 2263/1974, de 20 de julio, por el que se aprueba el Reglamento de Policía Sanitaria Mortuoria.

CAPÍTULO 3

NORMAS TÉCNICO-SANITARIAS PARA CEMENTERIOS DE ASTURIAS

Autores

Joaquín Gámez de la Hoz
Ana Padilla Fortes
Ana Rubio García

3.1. Requisitos de emplazamiento
3.2. Proyectos técnicos de construcción, ampliación y reforma
3.3. Instalaciones, equipamientos y servicios
3.4. Clausura de cementerios

3. Normas técnico-sanitarias para cementerios de Asturias

3.1. Requisitos de emplazamiento

Todos los municipios, por sí o asociados, deben prestar el servicio de cementerio, de acuerdo con los requisitos que establece el Reglamento de Sanidad Mortuoria, y al amparo de lo que prevé la legislación de Régimen Local vigente, salvo en el caso de dispensa por el Consejo de Gobierno del Principado de Asturias si la prestación resulta imposible o de muy difícil cumplimiento.

Los planes generales de ordenación urbana y las normas subsidiarias de planeamiento deben incluir, entre los documentos informativos, un estudio sobre las necesidades que con relación al servicio de cementerio se pueden prever en el ámbito del planeamiento redactado.

Las diferentes figuras de planeamiento urbanístico deben ajustarse, en el momento de su revisión, a las normas del Reglamento de Sanidad Mortuoria sobre emplazamiento de cementerios.

El emplazamiento de cementerios de nueva construcción debe cumplir las siguientes condiciones:

1. En el entorno del suelo destinado a la construcción de un nuevo cementerio debe establecerse una zona de protección de 40 metros de ancho medidos a partir del perímetro exterior del cementerio y que, en todo caso, estará adaptada al planeamiento en vigor. Esta zona debe estar, en todo caso, libre de toda clase de construcción.

2. A partir de la línea límite exterior de la zona de protección descrita, se establecerá una segunda franja de 210 metros de anchura, en la que únicamente se pueden autorizar:

   a) Instalaciones de carácter industrial o de servicios técnicos para la infraestructura urbanística y de equipamiento comunitario.
   b) Viviendas unifamiliares.
   c) Explotaciones agropecuarias.

Estos tres tipos de usos deben ser, en todo caso, acordes con las previsiones del planeamiento aplicable.

La idoneidad del terreno elegido para emplazar nuevos cementerios deberá justificarse por medio de un estudio hidrogeológico suscrito por un técnico competente.

El estudio definirá las características hidrogeológicas del subsuelo en la zona situada en el entorno del emplazamiento previsto para el cementerio, estableciendo a partir de las metodologías adecuadas, las litologías y estructura de los materiales, el grosor de la zona no saturada y tipo de porosidad, y concluyendo sobre el riesgo potencial de afectación de las aguas subterráneas.

La capacidad que debe tener un cementerio se determinará en función del número de defunciones ocurridas en el término municipal durante los últimos 20 años.

Cada cementerio debe disponer de un número de unidades de inhumación que permita asumir las que se prevean para los 10 años siguientes a su construcción, y de terreno suficiente para poder incrementar este número de unidades según las necesidades previstas para los próximos 25 anos.

En la estimación de la capacidad se deberá tener en cuenta la utilización, cada vez mayor, de la incineración como destino final de los cadáveres.

3.2. Proyectos técnicos de construcción, ampliación y reforma

La ampliación de cementerios cuya construcción se haya realizado de acuerdo con las previsiones del Reglamento de Sanidad Mortuoria, estará sujeta a los mismos requisitos de emplazamiento y tramitación que los cementerios de nueva construcción. Se entiende por ampliación de un cementerio toda modificación que comporte aumento de su superficie o incremente el número total de sepulturas autorizadas. El resto de modificaciones tendrán el carácter de reforma.

Los expedientes de construcción o ampliación de cementerios deberán incluir la siguiente documentación:

1. Informe urbanístico: Donde conste que el emplazamiento es acorde con el planeamiento urbanístico vigente.

En el supuesto de que no haya previsión de emplazamiento, será necesario que la Comisión de Urbanismo y Ordenación del Territorio de Asturias (CUOTA) emita informe donde conste que se ha seguido el procedimiento adecuado y especifico para ubicar este uso.

2. Proyecto de construcción o ampliación, firmado por un técnico competente, que incluya:

a) Estudio hidrogeológico, si procede, de conformidad con lo establecido en el artículo 35, que haga constar concretamente las características de permeabilidad del terreno, situación del nivel freático y de los niveles saturados de los posibles acuíferos confinados, cuando éstos existan, así como la dirección del flujo subterráneo.
b) El lugar de emplazamiento.
c) La extensión prevista.
d) La distancia en línea recta hasta la zona poblada más próxima.
e) Las comunicaciones con la zona urbana.
f) La distribución de los diferentes servicios, recintos, edificios e instalaciones.
g) La clase de obras y materiales que se utilizarán para edificaciones y muros de cierre.
h) El número, tipos y características de las construcciones funerarias destinadas a inhumaciones, teniendo en cuenta lo dispuesto en este Reglamento.
i) El sistema previsto para la eliminación de desechos y residuos.
j) El sistema previsto para el tratamiento y vertido de las aguas residuales de los diferentes servicios.

Los expedientes de reforma de cementerios deben incluir la documentación citada en el apartado anterior, excepto el informe urbanístico y el estudio hidrogeológico.

No se podrá aprobar o autorizar la construcción, ampliación o reforma de un cementerio sin el informe sanitario favorable sobre el proyecto emitido por la Dirección Regional de Salud Pública, a quien se remitirá el expediente completo a los efectos citados. Transcurrido el plazo de tres meses desde la recepción del expediente, si la citada

Dirección Regional de Salud Pública no ha emitido informe, se puede proseguir con la tramitación del expediente.

Los expedientes de construcción, de ampliación y de reforma de cementerios que aprueben o, si procede, autoricen los municipios, deben ser instruidos y resueltos por el órgano municipal competente, de conformidad con la normativa de régimen local aplicable.

En caso de que el órgano municipal competente para resolver acredite la dificultad o la imposibilidad para cumplir las normas sobre emplazamiento de cementerios establecidas en este Reglamento, el Consejero de Servicios Sociales, a propuesta del Director Regional de Salud Pública y previo informe de las Consejerías de Cooperación y Fomento, puede autorizar excepcionalmente que se pueda construir o ampliar el cementerio previa la resolución del procedimiento a que se refiere el apartado anterior.

Transcurrido el plazo de 6 meses desde la iniciación del expediente sin que se haya otorgado la autorización con carácter excepcional, se entiende denegada esta autorización.

3.3. Instalaciones, equipamientos y servicios

Los cementerios deben disponer necesariamente, además del número correspondiente de lugares de inhumación, de las siguientes instalaciones:

1. Un local destinado a **depósito de cadáveres**. Un depósito de cadáveres es una sala o dependencia, anexa generalmente a un centro hospitalario, cementerio o empresa funeraria, de estancia temporal de cadáveres. Estos depósitos pueden ser utilizados como sala de autopsias cuando reúnan las condiciones previstas a continuación:

   a) Suelo y paredes de material impermeable, de fácil limpieza y desinfección.
   b) Las uniones de los paramentos verticales y horizontales y de los tabiques entre sí debe ser redondeada.
   c) El suelo debe tener una pendiente superior al 1% en dirección a un desagüe.
   d) Una mesa de acero inoxidable o de otro material impermeable de fácil limpieza y desinfección, con desagüe y agua fría y caliente.

e) Herramientas necesarias para la práctica de la autopsia y material para su desinfección.
f) Servicios higiénicos, vestidor y duchas de uso exclusivo para el Médico Forense o Tanatólogo y el personal auxiliar que efectúe la autopsia, independientes y anexos a la sala de autopsia.

2. Un sector destinado a la inhumación de restos humanos procedentes de abortos, de intervenciones quirúrgicas y de mutilaciones.
3. Un **osario general** destinado a recoger los restos provenientes de las exhumaciones.
4. Instalaciones de agua y servicios higiénicos.

Cada cementerio debe llevar un libro-registro donde se anotarán todas las inhumaciones y las exhumaciones que se realicen, con especificación de la fecha de realización, del nombre del difunto o del titular del resto, del lugar concreto de inhumación y distinguiendo si la causa de defunción es del grupo I o II.

Los requisitos de los apartados 1 y 2 serán exigibles solamente en los cementerios cuya población de referencia supere los 5.000 habitantes y siempre que en el partido judicial correspondiente no exista ningún depósito de cadáveres debidamente autorizado.

Previamente a la primera inhumación en nuevas construcciones funerarias, los servicios competentes del Ayuntamiento correspondiente deben comprobar que estas construcciones se han efectuado de acuerdo con el proyecto aprobado o autorizado y cumplen las condiciones higiénico-sanitarias previstas en el Reglamento de Sanidad Mortuoria

Sepulturas, nichos y columbarios

1. Sepulturas

Se entiende por tumba el lugar soterrado de inhumación de uno o más cadáveres o restos cadavéricos, cubierto por una losa, integrado por uno o más nichos.

La inhumación de cadáveres directamente a tierra queda sujeta a las siguientes condiciones:

a) Profundidad mínima de 2 metros.

b) Ancho de 0,80 metros y largo mínimo de 2,10 metros.
c) Se dejará un espacio de separación mínimo de 0,50 metros entre cada sepultura.
d) Terreno con una permeabilidad suficiente o permeabilidad por una capa de sablón de un mínimo de 40 cm. de grosor.
e) Utilización de sistemas que aseguren una cierta estanqueidad y al mismo tiempo permitan la suficiente ventilación por porosidad. El sistema debe evitar la salida al exterior de líquidos y olores y facilitar la destrucción del cuerpo, aislando totalmente este proceso del medio, por razones sanitarias y de higiene, y debe estar sujeto a la valoración establecida en el correspondiente estudio hidrogeológico.

2. Nichos

Un nicho es una cavidad de una construcción funeraria para la inhumación de uno o más cadáveres o restos cadavéricos cerrada con una losa o tabique. Por su parte, una fosa es el lugar soterrado de inhumación de un cadáver o de restos cadavéricos, integrado por uno o más nichos.

Las dimensiones mínimas internas de los nichos deben ser de 0,75 metros de ancho, 0,65 metros de altura y 2,50 metros de profundidad. Las de los niños de 0,50 metros por 0,50 con una profundidad de 1,60 metros.

El suelo de los nichos debe tener una pendiente mínima del 1% hacia la zona posterior de drenaje.

Nichos ocupados

Para la construcción de nichos deben utilizarse sistemas que aseguren una cierta estanqueidad de su estructura y, al mismo tiempo, permitan la suficiente ventilación por porosidad. El sistema debe evitar la salida al exterior de líquidos y olores y facilitar la destrucción del cuerpo, aislando totalmente este proceso del medio, por razones sanitarias y de higiene.

Los nichos que se agrupan en bloques de nichos, las fosas, las tumbas, los mausoleos y los panteones deben cumplir los requisitos establecidos en los apartados anteriores de este artículo.

En ningún caso se pueden construir nichos nuevos sobre otros ya existentes, a menos que esta construcción responda a una segunda fase prevista en el proyecto original.

La Dirección Regional de Salud Pública podrá autorizar, para las construcciones funerarias destinadas a inhumaciones, técnicas constructivas diferentes de la obra convencional, siempre que garanticen que se producirá el proceso de descomposición cadavérica y de mineralización de los despojos en condiciones higiénico-sanitarias adecuadas y así se acredite mediante los informes y las pruebas técnicas adecuadas.

3.4. Clausura de cementerios

Los cementerios no pueden ser destinados a otros usos hasta después de transcurrir, como mínimo, 10 años desde la última inhumación, salvo que existan razones de interés público declaradas por el órgano local competente.

Los restos recogidos serán inhumados o incinerados en otro cementerio.

El expediente se iniciará a solicitud del titular del cementerio y se instruirá por el Ayuntamiento correspondiente, quien deberá someterlo a información pública con una antelación mínima de tres meses, mediante la publicación de un anuncio en el Boletín Oficial del Principado de Asturias y en el periódico de mayor circulación en el municipio al objeto de que los interesados puedan ejercer los derechos que la leyes les permiten.

Finalizado el trámite de información pública, el Ayuntamiento comunicará la propuesta de resolución a la Dirección Regional de Salud Pública quien emitirá el pertinente informe sanitario.

En los supuestos en los que, como consecuencia de situaciones excepcionales de guerras o catástrofes, se solicite la exhumación y traslado de restos inhumados fuera de lugares autorizados, la tramitación administrativa se realizará de acuerdo con lo previsto en este artículo.

Todos los cementerios, con independencia de cual sea su naturaleza jurídica y su titularidad, están sometidos al régimen y a los requisitos sanitarios fijados en el Reglamento de Sanidad Mortuoria.

Las fosas, los nichos, los panteones, los mausoleos, tumbas y sepulturas, o cualquier otro tipo de construcción destinado a la inhumación de cadáveres o restos, que amenacen ruina serán declarados en este estado por medio de un expediente contradictorio, en el que se considerará parte interesada a las personas titulares del derecho sobre las fosas, los nichos o los mausoleos citados, así como también, si procede, al titular del cementerio.

Se considerarán construcciones funerarias en estado de ruina aquellas que no puedan ser reparadas por medios normales o cuando el coste de la reparación sea superior al cincuenta por ciento del coste estimado a precios actuales para su construcción.

Declaradas en estado de ruina las construcciones funerarias objeto del expediente, la autoridad competente, de conformidad con lo previsto en este Reglamento, ordenará la exhumación del cadáver o restos para su inmediata reinhumación en el lugar que determine el titular del

Estado ruinoso de nichos del Cementerio San Miguel (Málaga)

derecho sobre la fosa, el nicho o el mausoleo que haya sido declarado en estado de ruina, previo requerimiento que con este fin se le hará de forma fehaciente. En el caso de que el citado titular no dispusiera nada a este respecto, la reinhumación se realizará en la fosa común.

Acabada la exhumación de los cadáveres o restos de las construcciones funerarias declaradas en estado de ruina, el Ayuntamiento los derribará, a su cargo y de modo inmediato. En los cementerios de titularidad privada la obligación de demolición corresponde al titular, si éste no procediera a la demolición, el Ayuntamiento lo podrá ejecutar a cargo del obligado.

La declaración del estado de ruina de una construcción funeraria comporta la extinción del derecho de su titular. En consecuencia, tanto la exhumación para inmediata reinhumación como el derribo de la construcción funeraria no darán lugar a ningún tipo de indemnización.

CAPÍTULO 4

NORMAS TÉCNICO-SANITARIAS PARA CEMENTERIOS DE CANTABRIA

Autores

Joaquín Gámez de la Hoz
Ana Padilla Fortes
Ana Rubio García

4.1. Requisitos de emplazamiento
4.2. Proyectos técnicos de construcción, ampliación y reforma
4.3. Instalaciones, equipamientos y servicios
4.4. Clausura de cementerios

4. Normas técnico-sanitarias para cementerios de Cantabria

4.1. Requisitos de emplazamiento

Cada municipio tendrá por lo menos un cementerio de características adecuadas a su densidad de población y a los usos y costumbres del lugar.

Podrán establecerse cementerios públicos, comarcales y privados, siempre que reúnan los requisitos y autorizaciones establecidos en el Reglamento de Sanidad Mortuoria.

Las mancomunidades de municipios y las áreas metropolitanas podrán construir un cementerio comarcal siempre que cumplan las especificaciones contenidas en el Reglamento de Sanidad Mortuoria.

Los Ayuntamientos determinarán en los Planes Generales o Normas Subsidiarias de Planeamiento la zona reservada para cementerios.

El emplazamiento de los cementerios de nueva construcción habrá de hacerse sobre terrenos permeables, alejados de las zonas pobladas por lo menos 200 metros, sin que pueda autorizarse la construcción de viviendas dentro de estos límites. En todo caso se respetarán las instalaciones de los cementerios actualmente en uso.

Cementerio inglés de Málaga

La capacidad de los cementerios estará, en general, en relación con el número de defunciones ocurridas en los términos municipales durante los últimos veinte años, con especificación de los enterramientos efectuados en cada año, y deberá ser suficiente para el enterramiento en los siguientes diez años a su implantación y ofrecerá además superficie necesaria para veinticinco años.

En la construcción de un cementerio se tendrá en cuenta la dirección de los vientos en relación con la situación de la población.

4.2. Proyectos técnicos de construcción, ampliación y reforma

Los expedientes de construcción, ampliación y reforma de cementerios se instruirán por los Ayuntamientos. Terminada la instrucción, expediente y proyecto se remitirán a la Dirección Regional de Sanidad y Consumo, que resolverá a la vista del informe correspondiente.

La construcción, ampliación y reforma de cementerios particulares o privados se regirá por las mismas normas y seguirá la misma tramitación que la de los municipales.

En todo proyecto de nuevo cementerio deberá constar:

a) Lugar de emplazamiento.
b) Extensión y capacidad previstas.
c) Distancia mínima en línea recta de la zona de población próxima.
d) Comunicaciones con la zona urbana.
e) Propiedades geológicas de los terrenos, profundidad de la capa freática, dirección de las corrientes de agua subterráneas y, además, características que aconsejen y hagan viable el proyecto de construcción del cementerio, informe de los Servicios de la Dirección Regional de Medio Ambiente sobre permeabilidad del terreno, acreditando que no hay peligro de contaminación de ningún abastecimiento de agua.
f) Clase de obra y materiales que han de emplearse en las edificaciones y en los muros de cerramiento.

Antes de que se proceda a la apertura de un cementerio, por la Dirección Regional de Sanidad y Consumo se realizará una visita de inspección al mismo, para comprobar que se han observado todas las exigencias y requisitos que establece el Reglamento de Sanidad Mortuoria, y se procederá, en su caso, a la correspondiente autorización de apertura.

4.3. Instalaciones, equipamientos y servicios

Todo cementerio deberá necesariamente poseer las siguientes instalaciones:

a) Un local destinado a **depósito de cadáveres**, que estará compuesto como mínimo de dos departamentos, uno para el depósito propiamente dicho y otro accesible al público, que estará separado del depósito por un tabique con cristalera suficiente para la visión directa de los cadáveres. Los huecos de ventilación estarán provistos de tela metálica de malla fina bien conservada, para evitar el acceso de los insectos al cadáver.
   El número de estos locales estará en relación con el número de defunciones ocurridas en los últimos veinte años. La obra estará construida con materiales lisos e impermeables para que puedan ser lavados y desinfectados con facilidad.
   Asimismo, deberá existir una cámara frigorífica para conservación de cadáveres hasta su inhumación. Si existieran varios cementerios en un mismo término municipal, bastará situarla solamente en uno de ellos.
b) Número de sepulturas vacías adecuado al censo de la población, o por lo menos terreno suficiente para su construcción dentro de los veinticinco años establecidos.
c) Un **horno** destinado a la destrucción de ropas y enseres, maderas, coronas y flores que procedan de la evacuación y limpieza de sepulturas o de la limpieza de los cementerios.
d) Servicios sanitarios adecuados, lavabos, servicios higiénicos y ducha con agua caliente.
e) **Crematorio de cadáveres**, en los municipios de población superior a 300.000 habitantes.
   En los casos en que el municipio contase con más de un cementerio, la Dirección Regional de Sanidad y Consumo podrá autorizar que el crematorio esté solamente ubicado en uno de ellos.

Sepulturas, nichos y columbarios

Las fosas y nichos deberán reunir como mínimo las condiciones siguientes:

1.- Sepulturas:
La profundidad de las fosas será como mínimo de dos metros, su anchura de 0,80 metros y su longitud como mínimo de 2,10 metros, con un espacio de medio metro de separación entre unas y otras, y con reserva de sepulturas de medidas especiales de hasta 2,30 metros de longitud.

En el área del cementerio podrán construirse sepulturas privadas e instalar monumentos, siempre que reúnan las condiciones de sanidad ambiental y cumplan lo establecido en el Reglamento de Sanidad Mortuoria y de las ordenanzas de cementerios de cada municipio.

2.- Nichos:
El nicho tendrá como mínimo 0,75 metros de anchura, por 0,65 metros de altura y 2,40 metros de profundidad.

Si los nichos son construidos por el sistema tradicional, su separación será de 0,10 metros en vertical y 0,07 metros en horizontal.

La altura máxima para los nichos será la correspondiente a cinco filas.

Las galerías destinadas a defender de las lluvias las cabeceras de los nichos tendrán 2,50 metros de ancho, a contar desde su más saliente parámetro interior y su tejadillo se apoyará en un entramado vertical, sin limitar los espacios abiertos con ninguna clase de construcción.

Si se utilizan sistemas prefabricados previamente homologados por el Ministerio de Sanidad y Consumo, la separación horizontal y vertical entre nichos vendrá dada por las características técnicas de cada sistema constructivo concreto.

Aunque los materiales utilizados en la construcción de nichos y sepulturas sean impermeables, cada unidad de enterramiento y el sistema en su conjunto será permeable, asegurándose un drenaje adecuado y una expansión de los gases en condiciones de inocuidad y salida al exterior por la parte más elevada.

3.- Columbarios:

Tendrán como mínimo 0,40 metros de ancho, 0,40 metros de alto y 0,60 metros de profundidad.

Los cementerios deberán estar provistos de instalaciones de agua y de los servicios sanitarios para el personal y los visitantes del mismo. Asimismo, deberán estar provistos de escaleras para el servicio al público a los efectos de colocar flores, coronas y emblemas.

Cada cementerio deberá contar con un **osario general** destinado a recoger los restos provenientes de las exhumaciones y, a poder ser, un horno incinerador de restos.

Muestra de columbarios

En los cementerios municipales corresponden a los Ayuntamientos los derechos y deberes siguientes:

a) El cuidado, limpieza y acondicionamiento del cementerio.
b) La distribución y concesión de parcelas, sepulturas, nichos y columbarios.
c) La percepción de derechos y tasas que proceda por la ocupación de terrenos y licencias de obras.
d) La provisión de puestos de trabajo.
e) Llevar el registro de sepulturas en un libro foliado y sellado.

Tanto los cementerios municipales o mancomunados en poblaciones de más de 10.000 habitantes, como los cementerios privados, se regirán por un Reglamento de régimen interno que será aprobado por la Dirección Regional de Sanidad y Consumo.

Asimismo, tendrá un encargado de su administración, designado por la autoridad municipal correspondiente o por la entidad particular de quien dependa.

El registro de cadáveres que se inhumen, exhumen o incineren en el cementerio, en virtud de las licencias legales correspondientes, será llevado por la Administración del mismo mediante libros donde consten los datos que se determinen por la Dirección Regional de Sanidad y Consumo.

La Administración del cementerio comunicará al Servicio de Salud Pública en un plazo no superior a cinco días los datos reseñados en el libro de registro.

4.4. Clausura de cementerios

Cuando las condiciones de salubridad y los planos de urbanización lo permitan, podrá el Ayuntamiento o entidad de quien el cementerio dependa iniciar expediente, a fin de destinar el terreno del cementerio o parte de él a otros usos. Para ello será indispensable el cumplimiento de las condiciones que resultan del texto de los dos artículos siguientes, además de lo dispuesto en la legislación de las Entidades Locales, si se trata de cementerios municipales.

En el supuesto previsto en el párrafo anterior, así como en aquellos en que por razones sanitarias, o de agotamiento transitorio o definitivo de su capacidad, se estime necesario, los Ayuntamientos o entidades particulares de quien dependan los cementerios afectados podrán suspender los enterramientos en los mismos, previa resolución de la Dirección Regional de Sanidad y Consumo y proveyendo lo necesario para el cumplimiento de las disposiciones legales aplicables.

Los cementerios no podrán ser desafectados hasta después de transcurrir como mínimo diez años desde la última inhumación, salvo que razones de interés público lo aconsejen.

Sin perjuicio de lo establecido en el Derecho Canónico, corresponderá a la Dirección Regional de Sanidad y Consumo la competencia para autorizar la clausura-de un cementerio municipal o privado y el traslado total o parcial de los restos mortales que se hallen en él, previo informe del Servicio de Salud Pública de dicha Dirección Regional.

Para llevar a cabo la recogida y traslado de restos en un cementerio, será requisito indispensable que haya transcurrido diez años, por lo menos, desde el último enterramiento efectuado. Los restos recogidos serán inhumados o incinerados en otro cementerio.

El Ayuntamiento del que dependa aquel cementerio lo hará saber al público con una antelación mínima de tres meses mediante publicación en el Boletín Oficial del Estado y Boletín Oficial de Cantabria, y en el diario de mayor circulación en su municipio, a fin de que las familias de los inhumados puedan adoptar las medidas que su derecho les permita.

CAPÍTULO 5

NORMAS TÉCNICO-SANITARIAS PARA CEMENTERIOS DE CASTILLA-LA MANCHA

Autores

Joaquín Gámez de la Hoz
Ana Padilla Fortes
Ana Rubio García

5.1. Requisitos de emplazamiento
5.2. Proyectos técnicos de construcción, ampliación y reforma
5.3. Instalaciones, equipamientos y servicios
5.4. Clausura de cementerios

5. Normas técnico-sanitarias para cementerios de Castilla-La Mancha

5.1. Requisitos de emplazamiento

Podrán establecerse cementerios, de titularidad pública o privada, siempre que reúnan los requisitos y autorizaciones establecidos legalmente.

Cada municipio contará, al menos, con un cementerio, de características adecuadas a su población de referencia y a los usos y costumbres del lugar.

Podrán establecerse cementerios mancomunados, al servicio de dos o más municipios.

Los Ayuntamientos determinarán en los planes de ordenación municipal y de delimitación de suelo urbano la zona reservada para cementerios.

El emplazamiento de los cementerios de nueva construcción habrá de hacerse sobre terrenos permeables, teniendo en cuenta la dirección de los vientos dominantes en relación con la situación de la población, y estableciendo una zona da protección de 50 metros de anchura en todo su perímetro, libre de toda clase de construcción excepto zonas ajardinadas y edificios destinados a usos funerarios.

La capacidad del cementerio estará, en general, en relación con el número de defunciones ocurridas en la población de referencia durante los últimos 20 años, con especificación de los enterramientos efectuados en cada año, y deberá ser suficiente para el enterramiento en los siguientes 10 años a au implantación y ofrecerá, además, superficie necesaria para 25 años.

5.2. Proyectos técnicos de construcción, ampliación y reforma

Los expedientes de construcción, ampliación y reforma de cementerios, cualquiera que sea la titularidad de los mismos, se instruirán por el Ayuntamiento en cuyo término municipal se pretende la ubicación. Terminada la tramitación, el expediente y el proyecto se remitirán a la Delegación Provincial de Sanidad que, previa realización de informe, resolverá sobre su aprobación definitiva.

En el caso de que el Ayuntamiento competente para instruir el expediente de construcción o ampliación acredite la imposibilidad de cumplir alguna de las normas sobre emplazamiento de cementerios establecidas en este Decreto, corresponderá al titular de la Consejería de Sanidad, a propuesta de la Dirección General de Salud Pública y previos informas favorables del Médico de atención primaria y de la Comisión Provincial de Saneamiento, la resolución del expediente, pudiendo autorizar excepcionalmente la construcción o ampliación.

La ampliación de cementerios deberá cumplir los mismos requisitos de emplazamiento que los de nueva construcción. Se entenderá por ampliación de un cementerio toda modificación que conlleve aumento de su superficie o incremento del número total de unidades de enterramiento autorizadas.

En los proyectos de construcción y ampliación de cementerios, deberá constar:

a) Lugar de emplazamiento.
b) Extensión y capacidad previstas.
c) Tipos de enterramientos y características constructivas de los mismos.
d) Distancia mínima en línea recta de la construcción más próxima en todo su perímetro.
e) Comunicaciones con la zona urbana.
f) Informe del Instituto Tecnológico Geominero de España o empresa u organismo, debidamente autorizados, sobre propiedades geológicas de los terrenos, profundidad de la capa freática, dirección da las corrientes de agua subterráneas y demás características que aconsejen y hagan viable el proyecto de construcción del cementerio, así como sobre permeabilidad del terreno, acreditando que no hay peligro de contaminación de ningún abastecimiento de agua. El informe hidrogeológico solo será necesario cuando la ampliación del cementerio conlleve un aumento de su superficie.
g) Reglamento de régimen interno, en su caso.

El resto de modificaciones se considerarán reformas y no estarán sujetas a las citadas normas de emplazamiento, ni a la presentación en el proyecto del mencionado informe hidrogeológico.

Antes de que se proceda a la apertura de un cementerio, por la Delegación Provincial de Sanidad se realizará una visita de inspección al mismo, para comprobar que se han observado todas las exigencias y requisitos establecidos por la normativa vigente, y se procederá, en su caso, a emitir la correspondiente autorización de apertura.

5.3. Instalaciones, equipamientos y servicios

Todo cementerio deberá necesariamente poseer las siguientes instalaciones:

a) Un local destinado a **depósito de cadáveres**, que estará compuesto como mínimo de dos departamentos, incomunicados entre sí, uno para la permanencia del cadáver y otro accesible al público, que estará separado del anterior por un tabique con cristalera suficiente para la visión directa de los cadáveres.

El departamento destinado al cadáver será de dimensiones adecuadas; las paredes lisas y su revestimiento lavable; el suelo, impermeable, tendrá la inclinación suficiente para que discurran las aguas de limpieza y viertan fácilmente al sumidero; dispondrá de lavabo y manguera; estará dotado de luz eléctrica, agua corriente y sistema de evacuación de aguas residuales, y los huecos de ventilación estarán provistos de tela metálica de malla fina bien conservada, para evitar el acceso de los insectos.

En los cementerios, cuya población de referencia sea inferior a 10.000 habitantes, el departamento del depósito destinado al cadáver podrá utilizarse como sala de autopsias, para lo cual deberá contar con una mesa de características adecuadas.

b) Número de sepulturas vacías adecuado a la población de referencia o, al menos, terreno suficiente para su construcción dentro de los 25 años establecidos en el artículo anterior.

c) Un **horno** destinado a la destrucción de ropas y de cuantos objetos, que no sean reatos humano», procedan de la evacuación y limpieza de sepulturas.
d) Un sector destinado a enterramiento de los restos humanes procedentes de abortos, Intervenciones quirúrgicas y mutilaciones.
e) Un sector destinado al esparcimiento de cenizas producto de cremaciones.
f) Un **osario general** destinado a recoger los restos provenientes de las exhumaciones y, a poder ser, un horno incinerador de restos.
g) Instalaciones de agua, y servicios sanitarios independientes para el personal y los visitantes, con sistema de evacuación de aguas residuales.
h) Escaleras para servicio del público a los efectos de colocar flores, coronas y emblemas.
i) Servicio de control de plagas contratado con empresa autorizada, cuando dicho servicio no se preste por la propia entidad responsable de la gestión del cementerio.

Los cementerios, cuya población de referencia sea superior a 10.000 habitantes o los de municipios que sean cabecera de partido judicial, dispondrán, además, de **sala de autopsias independiente**, de similares características a las del departamento del depósito destinado al cadáver, con mesa de características adecuadas, cámara frigorífica de, al menos, dos cuerpos y botiquín de primeros auxilios.

Sepulturas, nichos, y columbarios

Las fosas, nichos y columbarios deberán reunir como mínimo las condiciones siguientes:

a) Las fosas tendrán, como mínimo, 2 metros do profundidad, 0,80 metros de ancho y 2,10 metros de largo, con un espacio mínimo de 0,80 metros de separación entre unas, y otras, y con reserva de sepulturas de medidas especiales hasta 2,30 metros de largo.
La profundidad mínima de enterramiento será de 1 metro, a contar desde la superficie en la que reposará el féretro hasta la rasante del terreno sobre el que se apoyará la lápida o monumento funerario.

b) Los nichos tendrán, corno mínimo, 0,80 metros de ancho, 0,65 metros de alto y 2,40 metros de profundidad; su separación será de 0,23 metros en vertical y 0,21 metros en horizontal; su altura máxima será la correspondiente a 5 filas y las galerías destinadas a defender de las lluvias las cabeceras de los nichos tendrán 2,50 metros de ancho, a contar desde su más saliente paramento interior y su tejadillo se apoyará en un entramado vertical, sin limitar los espacios abiertos con ninguna clase de construcción.

Aunque los materiales utilizados en la construcción de nichos y losas sean impermeables, cada unidad de enterramiento y el sistema en su conjunto será permeable, asegurándose un drenaje adecuado y una expansión de los gases en condicionas de inocuidad y salida al exterior por la parte más elevada.

Galería de nichos

c) Los columbarios tendrán como mínimo 0,40 metros de ancho, 0,40 metros de alto y 0,60 metros de profundidad.

Si se utilizan sistemas prefabricados, que deberán contar con la previa homologación, las dimensiones y distancias de separación expresadas en los tres apartados anteriores vendrán dadas por las características de cada sistema concreto empleado para su construcción.

En el interior del cementerio podrán construirse sepulturas privadas e instalar monumentos, siempre que reúnan las adecuadas condiciones de sanidad ambiental y cumplan la normativa vigente sobre sanidad mortuoria, las Ordenanzas municipales y, en su caso, el Reglamento de régimen interno del cementerio.

En todo cementerio, corresponden a la Entidad da quien dependa los siguientes derechos y deberes:

a) El cuidado, limpieza y acondicionamiento del mismo.

b) La distribución y concesión de parcelas, fosas, nichos y columbarios.
c) La percepción de los derechos y tasas que procedan por la ocupación de terrenos y licencias de obras.
d) El nombramiento y remoción de empleados.
e) La existencia y cumplimentación de un Libro de Registro cíe Servicios, en el que, por orden cronológico y permanentemente actualizado, se inscribirán las inhumaciones, exhumaciones y reinhumaciones realizadas.

Tanto los cementerios municipales o mancomunados, cuya población de referencia sea superior a 10.000 habitantes, como lodos los cementerios privados, se regirán por un Reglamento de régimen interno que deberá cumplir las disposiciones del presente Decreto y demás legislación sobre la materia.

Asimismo, tendrán un encargado de su administración, designado por la entidad de quien dependa el cementerio.

5.4. Clausura de cementerios

Cuando las condiciones de salubridad y los planes de urbanización lo permitan, podrá la Entidad de quien el cementerio dependa iniciar expediente, a fin de destinar el terreno del cementerio o parte de él a otros usos. Para ello será indispensable el cumplimiento de las condiciones establecidas en la normativa sobre sanidad mortuoria, además de lo dispuesto en la legislación de las Entidades Locales, si se trata de cementerios municipales o mancomunados.

Con la finalidad indicada y también por razones sanitarias o de agotamiento transitorio o definitivo de su capacidad, la entidad de quien dependa el cementerio podrá proceder a la suspensión de enterramientos en el mismo, previa autorización de la Delegación Provincial de Sanidad.

Sin perjuicio de lo establecido en el Derecho Canónico y en la normativa de otras Iglesias, Confesiones y Comunidades religiosas, corresponderá a la Delegación Provincial de Sanidad la competencia para autorizar la clausura de un cementerio y el traslado total o parcial de los restos que se hallen en él.

Los cementerios no podrán ser desafectados hasta después de transcurrir como mínimo 10 años desde la última inhumación, salvo que razones de interés público lo aconsejen.

Para llevar a cabo la recogida y traslado de restos en un cementerio, será requisito indispensable que haya transcurrido 10 años, por lo menos, desde el último enterramiento efectuado. Los restos recogidos; serán incinerados, o inhumados en otro cementerio.

Estado de abandono del cementerio de San Miguel, Málaga.

El Ayuntamiento, en cuyo término municipal esté situado el cementerio y cualquiera que sea la titularidad del mismo, dará a conocer al público la recogida de los restos, con una antelación mínima de tres meses, mediante publicación en el Boletín Oficial del Estado, Diario Oficial de Castilla-La Mancha, Boletín Oficial de la Provincia y en el periódico de mayor circulación de su municipio, a fin de que las familias de los inhumados puedan adoptar las medidas que su derecho les permita.

CAPÍTULO 6

NORMAS TÉCNICO-SANITARIAS PARA CEMENTERIOS DE CASTILLA-LEÓN

Autores

Joaquín Gámez de la Hoz
Ana Padilla Fortes
Ana Rubio García

6.1. Requisitos de emplazamiento
6.2. Proyectos técnicos de construcción, ampliación y reforma
6.3. Instalaciones, equipamientos y servicios
6.4. Clausura de cementerios

6. Normas técnico-sanitarias para cementerios de Castilla-León

Un **cementerio** se define como un recinto cerrado autorizado para inhumar cadáveres, restos humanos y restos cadavéricos.

6.1. Requisitos de emplazamiento

Todos los cementerios, con independencia de cuál sea su naturaleza jurídica y su titularidad, deberán cumplir los requisitos sanitarios establecidos en este Decreto.

Cada municipio deberá disponer, al menos, de un cementerio municipal o supramunicipal con características adecuadas a su población.

Su capacidad será calculada teniendo en cuenta el número de defunciones ocurridas en los correspondientes términos municipales durante el último decenio, especificadas por años, y deberá resultar suficiente para que no sea necesario el levantamiento de sepulturas en un período de, al menos, veinticinco años.

Los cementerios tiene la consideración de servicios mínimos municipales, de interés general y esencial, de conformidad con lo establecido en la Ley 1/1998, de 4 de junio, de Régimen Local de Castilla y León y deben ser considerados como dotaciones urbanísticas, con carácter de equipamientos. El planeamiento general de cada municipio deberá reservar los terrenos necesarios para el cumplimiento de las obligaciones establecidas en el presente apartado.

El emplazamiento de los cementerios de nueva construcción habrá de hacerse sobre terrenos geológicamente idóneos y alejados como mínimo cien metros del suelo urbano y urbanizable, medidos a partir del perímetro exterior del cementerio.

En el exterior de todos los cementerios se respetará una banda de cien metros de ancho, medidos a partir del perímetro exterior del cementerio, que no podrá ser clasificada como suelo urbano o urbanizable. En los terrenos de dicha banda que a la entrada en vigor de este Decreto no tengan la condición de suelo urbano o urbanizable, no podrá autorizarse ninguna nueva construcción, salvo las destinadas a usos funerarios.

6.2. Proyectos técnicos de construcción, ampliación y reforma

Los expedientes de construcción, ampliación, reforma o clausura de cementerios deberán de ser instruidos y resueltos por el Ayuntamiento en donde estén o vayan a estar ubicados, de conformidad con la normativa de régimen local y autonómico sectorial.

Antes del inicio de las obras para la nueva construcción, ampliación o reforma de un cementerio, será necesario obtener autorización sanitaria de instalación de la Dirección General competente por razón de la materia. Se considera ampliación de un cementerio toda modificación que conlleve aumento de su superficie y reforma cuando no suponga aumento de la misma.

La solicitud de autorización sanitaria de instalación así como la documentación complementaria se dirigirá al Servicio Territorial con competencias en sanidad y podrá presentarse en cualquiera de los lugares previstos en el artículo 38.4 de la Ley 30/1992, de 26 de noviembre, de Régimen Jurídico de las Administraciones Públicas y del Procedimiento Administrativo Común, quedando excluida por su complejidad su presentación por telefax.

Analizada la documentación por el Servicio Territorial, el Jefe del Servicio Territorial elevará propuesta de autorización a la Dirección General competente, remitiendo todo el expediente administrativo.

El plazo máximo para la resolución y notificación de la autorización sanitaria de instalación será de seis meses. Transcurrido dicho plazo sin haberse notificado resolución expresa, se podrá entender desestimada la solicitud de autorización.

Finalizadas las obras, se comunicará al Servicio Territorial con competencias en sanidad, que comprobará mediante inspección si se han cumplido las condiciones del proyecto y las demás normas sanitarias de aplicación, elevando informe a la Dirección General competente. A la vista de dicho informe, la Dirección General procederá a la concesión de la autorización sanitaria de funcionamiento.

El plazo máximo para la resolución y notificación de la autorización sanitaria de funcionamiento será de tres meses. Transcurrido dicho plazo sin haberse notificado resolución expresa, se podrá entender desestimada la solicitud de autorización de funcionamiento.

Junto con la solicitud de autorización sanitaria de instalación para la nueva construcción, ampliación o reforma de un cementerio, se acompañará el proyecto técnico.

Todo proyecto de nueva construcción o ampliación de un cementerio, firmado por técnico competente, incluirá una memoria con el siguiente contenido:

a) Lugar de emplazamiento, vías de comunicación y distancia mínima a zonas pobladas.
b) Superficie y capacidad previstas.
c) Informe técnico de las características hidrogeológicas del terreno con indicación de la permeabilidad, variación anual del nivel freático de la zona y en el que expresamente se haga constar que no hay riesgo de contaminación de captaciones de agua para abastecimiento.
d) Tipos de enterramientos y las características constructivas de los mismos.
e) La clase de obras y materiales que se utilizarán para edificaciones y muros de cierre.
f) Plano de distribución de instalaciones y dependencias.
g) Plano de situación a escala adecuada de situación de masas de agua superficial y puntos de captación de agua en un radio de un kilómetro, medido desde el perímetro externo del cementerio.

En los proyectos de reforma, será preciso incluir todos los documentos exigidos en el apartado anterior, excepto los previstos en las letras a) y c).

Los cementerios requerirán de licencia ambiental y de apertura, de conformidad con lo previsto en la Ley de Prevención Ambiental de Castilla y León.

6.3. Instalaciones, equipamientos y servicios

Todos los cementerios dispondrán de:

a) Una zona de sepulturas o terreno suficiente para su construcción, con espacio reservado para sepulturas de medidas especiales.
b) Un sector destinado al enterramiento de restos humanos.
c) Un lugar destinado a depositar las cenizas procedentes de las incineraciones y un columbario para las urnas que las contengan.
d) Un **osario general** destinado a recoger los restos procedentes de las exhumaciones de restos cadavéricos.
e) Un **depósito de cadáveres**, consistente en un local destinado a la permanencia temporal de cadáveres, de dimensiones adecuadas, que disponga de suelos y paredes lisos e impermeables y con ventilación directa.
f) Abastecimiento de agua.

Féretro en Los amantes de Teruel
(Óleo sobre lienzo. Antonio Muñoz Degrain).

En los cementerios de los municipios con más de cinco mil habitantes, el local destinado a depósito de cadáveres, además de las características mencionadas en el punto e) del apartado anterior, deberá disponer, al menos, de cámara frigorífica para la conservación de cadáveres, lavabo de dispositivo no manual y mesa de trabajo impermeable que permita una fácil limpieza y desinfección. Esta instalación podrá suplirse mediante concierto del servicio con el tanatorio más próximo.

Los municipios de más de veinte mil habitantes, además de lo dispuesto en los números anteriores, deberán contar, al menos, con un **horno crematorio** de cadáveres, público o privado, y locales destinados a servicios administrativos.

Sepulturas, nichos y columbarios.

Las fosas y nichos construidos con posterioridad a la entrada en vigor del presente reglamento, reunirán las condiciones siguientes:

a) Las fosas tendrán como mínimo: 2,20 metros de largo, 0,80 metros de ancho y 2 metros de profundidad, con un espacio entre fosas de 0,50 metros.
b) Los nichos tendrán como mínimo: 0,80 metros de ancho, 0,65 metros de alto y 2,30 metros de profundidad, con una separación entre nichos de 0,28 metros en vertical y 0,21 metros en horizontal.

Se instalarán sobre un zócalo de 0,25 metros desde el pavimento y la altura máxima será la correspondiente a cinco filas. El suelo de los nichos ha de tener una pendiente mínima de un uno por ciento hacia el interior y la fila de nichos bajo rasante deberá estar perfectamente protegida de lluvias y filtraciones.

Aunque los materiales empleados en la construcción de fosas y nichos sean impermeables, cada unidad de enterramiento y el sistema en su conjunto será permeable, asegurándose un drenaje adecuado y una expansión de los gases en condiciones de inocuidad y salida al exterior por la parte más elevada, en el caso de los nichos.

Si se utilizan sistemas prefabricados, las dimensiones y la separación entre fosas o nichos, vendrá determinada por las características técnicas de cada sistema de construcción concreto, que será homologado previamente.

El Ayuntamiento o, en su caso, el titular del cementerio, llevará un Libro Registro, en el que por orden cronológico y permanentemente actualizado, se hará constar la siguiente información:

a) Datos del fallecido y de la defunción.
b) Datos del solicitante, persona vinculada al fallecido por razones familiares o de hecho.
c) Datos de la inhumación.

d) Datos de incineración.
e) Las reducciones, exhumaciones y sus traslados, con indicación de la fecha de realización y ubicación de origen y de destino.
f) En el caso de restos humanos, se hará constar la parte anatómica del cuerpo humano y el nombre de la persona a quien pertenecía.

Los titulares de los cementerios serán responsables de la organización, distribución y administración de los mismos, así como de su cuidado, limpieza, mantenimiento y vigilancia del cumplimiento de los derechos y deberes de los propietarios y de quienes detenten cualquier otro tipo de derechos sobre las fosas y nichos.

Los cementerios de poblaciones con más de cinco mil habitantes dispondrán de su propia regulación de régimen interno.

Los titulares de los cementerios facilitarán a las autoridades sanitarias toda la información que les sea solicitada, para ser utilizada con fines estadísticos de interés para la salud pública, preservando en todo momento la confidencialidad y cumpliendo con las previsiones de la Ley Orgánica de Protección de Datos de Carácter Personal y demás disposiciones de aplicación.

Sepultura de Antonio Muñoz Degrain, Cementerio de San Miguel (Málaga)

6.4. Clausura de cementerios

Los Ayuntamientos, de oficio o a instancia de parte, podrán suspender los enterramientos en un cementerio en los siguientes casos:

a) Cuando se pretenda destinar su terreno o parte de él a otros usos.
b) Por agotamiento transitorio o definitivo de su capacidad.
c) Por razones sanitarias o condiciones de salubridad.

Antes de proceder a la suspensión de los enterramientos por razones sanitarias o condiciones de salubridad, el Ayuntamiento solicitará informe al Servicio Territorial con competencias en sanidad que deberá emitirlo en el plazo máximo de diez días.

El Ayuntamiento, de oficio o a instancia de parte, podrá iniciar el expediente de clausura, una vez declarada la suspensión de los enterramientos.

Las medidas que se vayan a adoptar para la clausura de un cementerio serán sometidas a información pública con una antelación mínima de tres meses, mediante la publicación en el Boletín Oficial de la Provincia y en uno de los periódicos de mayor circulación del municipio de que se trate, al objeto de que las personas interesadas puedan ejercer los derechos que las leyes les reconozcan.

Con carácter previo a la clausura del cementerio, será necesario informe del Servicio Territorial con competencias en sanidad al que se le remitirá el expediente completo para su emisión. Dicho informe deberá emitirse en el plazo máximo de dos meses.

La resolución de clausura del cementerio corresponde al Ayuntamiento, que en ningún caso podrá ser efectiva hasta transcurridos, como mínimo, diez años desde el último enterramiento efectuado. Los restos que se retiren serán inhumados en otro cementerio o cremados en establecimiento autorizado.

No podrá cambiarse el destino de un cementerio hasta después de transcurridos como mínimo diez años desde la última inhumación, salvo que razones de interés público lo aconsejen.

CAPÍTULO 7

 **NORMAS TÉCNICO-SANITARIAS PARA CEMENTERIOS DE CATALUÑA**

Autores

Joaquín Gámez de la Hoz
Ana Padilla Fortes
Ana Rubio García

7.1. Requisitos de emplazamiento
7.2. Proyectos técnicos de construcción, ampliación y reforma
7.3. Instalaciones, equipamientos y servicios
7.4. Clausura de cementerios

7. Normas técnico-sanitarias para cementerios de Cataluña

7.1. Requisitos de emplazamiento

Todos los municipios, independientemente o asociados, deben prestar el servicio de cementerio, de acuerdo con los requisitos que establece este Reglamento, y al amparo de lo que prevé la legislación de régimen local vigente salvo en el caso de dispensa por el Gobierno de la Generalidad si la prestación resulta imposible o muy difícil cumplimiento.

El emplazamiento de cementerios de nueva construcción debe cumplir las siguientes condiciones:

1) En el entorno del suelo destinado a la construcción de un nuevo cementerio debe establecerse una zona de protección de 25 metros de anchura que, caso que exista plano, debe estar calificada como zona de emplazamiento de nuevo cementerio.

Esta zona debe estar ajardinada y, en todo caso, libre de toda clase de construcción. No es necesario el ajardinamiento cuando el entorno natural del cementerio no lo requiera.

2) A partir del recinto de esta primera zona de protección debe establecerse una segunda de 225 metros de anchura, en la que únicamente se pueden autorizar:

   a) Instalaciones de carácter industrial o de servicios técnicos para la infraestructura urbanística y de equipamiento comunitario.
   b) Viviendas unifamiliares.
   c) Explotaciones agropecuarias.

Estos tres tipos de usos deben ser facultativamente asignados por el encargado de planear, en función de cada situación concreta del municipio.

La idoneidad del terreno elegido para emplazar nuevos cementerios debe comprobarse por medio de un estudio hidrogeológico. El estudio definirá el funcionamiento hidrogeológico del subsuelo en la zona situada en el entorno del emplazamiento del cementerio, estableciendo a partir de las metodologías adecuadas, las litologías y estructura de los materiales, el grosor de la zona no saturada, tipo de porosidad y concluyendo sobre el riesgo potencial de afectación a las aguas subterráneas.

Los ayuntamientos, cuando justifiquen la necesidad, pueden solicitar la asistencia técnica para la realización del estudio hidrogeológico al Servicio Geológico de Cataluña del Departamento de Política Territorial y Obras Públicas de la Generalidad de Cataluña. Se solicitará informe al área de Calidad de las aguas de la Junta de Saneamiento cuando se puedan afectar acuíferos existentes.

En caso que los organismos competentes para aprobar el proyecto de nueva construcción no estén conformes con el estudio hidrogeológico, tanto en los métodos seguidos como en las conclusiones obtenidas, pueden solicitar el informe al Servicio Geológico de Cataluña, siempre que no se haya utilizado la ayuda de este Servicio indicada en el apartado anterior.

En el supuesto de informe hidrogeológico desfavorable, el ayuntamiento interesado puede solicitar al Servicio citado en el apartado anterior que dictamine sobre los posibles lugares del término municipal correspondiente donde sea posible emplazar el nuevo cementerio.

Cementerio de Montparnasse, Paris

La capacidad que debe tener un cementerio debe determinarse en función de la media del número de defunciones ocurridas en el término municipal durante los últimos 20 años. Cada cementerio debe disponer de un número de sepulturas que posibilite hacerse cargo de los entierros que se prevean para los 10 años siguientes a su construcción, y de terreno suficiente para poder incrementar este número de sepulturas según las necesidades previstas para los próximos 25 años.

7.2. Proyectos técnicos de construcción, ampliación y reforma

La implantación de cementerios está sujeta a los mismos requisitos de emplazamiento exigidos para las nuevas construcciones. No obstante, a partir de 50 metros del cementerio, se pueden permitir, también, viviendas plurifamiliares.

Se entiende por ampliación de cementerios toda modificación que comporte aumento de su superficie o incremento del número total de sepulturas autorizadas. El resto de modificaciones, tienen carácter de reforma. El informe hidrogeológico antes referido solamente es necesario en caso que la ampliación del cementerio se haga fuera del recinto existente.

La reforma de cementerios no está sujeta a las normas de emplazamiento anteriormente mencionadas.

Los planes generales de ordenación urbana y las normas subsidiarias de planeamiento deben incluir, entre los documentos informativos, un estudio sobre las necesidades que en relación al servicio de cementerio se pueden prever en el ámbito del planeamiento redactado.

Las diferentes figuras de planeamiento de la ordenación del suelo deben ajustarse, en el momento de su revisión, a las normas de este Reglamento sobre emplazamiento de cementerios.

En la tramitación de planes generales, de normas subsidiarias, de planes parciales y de planes especiales, siempre que incidan de forma directa o indirecta en las condiciones de emplazamiento de cementerios, y una vez aprobados inicialmente, de acuerdo con lo que prevé el artículo 57 del Decreto Legislativo 1/1990, de 12 de julio por el que se aprueba el refundido de los textos legales vigentes en Cataluña en materia urbanística, debe solicitarse informe al delegado territorial del Departamento de Sanidad y Seguridad Social del ámbito correspondiente.

El emplazamiento de los cementerios de nueva construcción debe corresponder a lo que se prevea en el planeamiento de cada municipio.

En caso que en el planeamiento urbanístico vigente en el municipio no se haya hecho ninguna previsión de emplazamiento de un cementerio nuevo, o no haya planeamiento, éste debe fijarse teniendo en cuenta lo que prevé el artículo 128 del Decreto Legislativo 1/1990, de 12 de julio, para las edificaciones en suelo no urbanizable.

Los expedientes de construcción y de ampliación de cementerios deben incluir la siguiente documentación:

a) Informe urbanístico donde conste que el emplazamiento del cementerio es el previsto en el planeamiento urbanístico vigente. En caso que no haya previsión de emplazamiento, es necesario el informe de la Comisión de Urbanismo de Cataluña donde conste que se ha seguido el procedimiento específico para ubicar este uso.

b) Estudio hidrogeológico del terreno, si procede, donde consten sus características de permeabilidad, la situación del nivel freático y/o los niveles saturados de los posibles acuíferos confinados cuando estos existan, como también la dirección del flujo subterráneo.

c) Proyecto de construcción que debe contener una memoria firmada por un facultativo competente donde se haga constar:

- El lugar de emplazamiento.
- La extensión prevista.
- La distancia en línea recta hasta la zona de población más próxima.
- Las comunicaciones con la zona urbana.
- La distribución de los diferentes servicios, recintos, edificios y jardines.
- La clase de obras y materiales que deben utilizarse en los muros de cierre y las edificaciones.
- El número, tipos y características de las construcciones funerarias destinadas a inhumaciones.
- El sistema a emplear para la eliminación de desechos y residuos.

Los expedientes de reforma de cementerios deben incluir la documentación previamente citada, salvo del estudio hidrogeológico y del informe urbanístico.

Para la aprobación o, si procede, la autorización de la construcción, la ampliación o la reforma del cementerio es necesario que la Delegación Territorial del Departamento de Sanidad y Seguridad Social del ámbito correspondiente, emita informe sanitario vinculante sobre el proyecto. Transcurrido el plazo de dos meses desde la recepción del expediente, si la Delegación Territorial correspondiente no ha emitido el informe se puede proseguir con la tramitación del expediente.

Los expedientes de construcción, de ampliación y de reforma de cementerios que aprueben, o si procede, autoricen los municipios, deben ser instruidos y resueltos por el órgano municipal competente, de conformidad con la normativa de régimen local aplicable.

En caso que el órgano municipal competente para resolver acredite la dificultad o la imposibilidad para cumplir las normas sobre emplazamiento de cementerios establecidas en este Reglamento, el consejero de Sanidad y Seguridad Social, a propuesta del director general de Salud Pública y previo informe de las direcciones generales de Administración Local y de Urbanismo, puede autorizar excepcionalmente que se pueda construir o ampliar el cementerio previa la resolución del procedimiento a que se refiere el apartado anterior.

Transcurrido el plazo de 6 meses desde la iniciación del expediente sin que se haya otorgado la autorización con carácter excepcional, se entiende denegada esta autorización.

7.3. Instalaciones, equipamientos y servicios

Los cementerios deben disponer necesariamente, además del número correspondiente de sepulturas, de las siguientes instalaciones:

a) Un local destinado a **depósito de cadáveres**. Estos depósitos pueden ser utilizados como salas de autopsias cuando reúnan las condiciones previstas reglamentariamente.
b) Un sector destinado al entierro de restos humanos procedentes de abortos, de intervenciones quirúrgicas y de mutilaciones y de criaturas abortivas.
c) Un **osario general** destinado a recoger los restos provenientes de las exhumaciones.
d) Instalaciones de agua y servicios higiénicos.

Cada cementerio debe llevar un libro-registro donde se anotarán todas las inhumaciones y las exhumaciones que se realicen, con especificación de la fecha de realización, del nombre del difunto o del titular del resto, del lugar concreto de inhumación y distinguiendo si la causa de defunción es del grupo I o II.

Previamente a la primera inhumación en nuevas construcciones funerarias, los servicios competentes del ayuntamiento correspondiente deben comprobar que estas construcciones se han efectuado de acuerdo con el proyecto aprobado o autorizado y cumplen las condiciones higiénico-sanitarias previstas en el Reglamento de Sanidad Mortuoria.

Sepulturas, nichos y columbarios

Las dimensiones mínimas internas de los nichos deben ser de 0,90 metros de ancho, 0,75 metros de altura y 2,60 metros de profundidad. Las de infantes de 0,50 x 0,50 metros con una profundidad de 1,60 metros.

El suelo de los nichos debe tener una pendiente mínima de 1% hacia el interior.

Para la construcción de nichos deben utilizarse sistemas que aseguren una cierta estanqueidad de su estructura y, al mismo tiempo, permitan la suficiente ventilación por porosidad. El sistema debe evitar la salida al exterior de líquidos y olores y facilitar la destrucción del cuerpo, aislando totalmente este proceso del medio, por razones sanitarias y de higiene.

Construcción de nichos

Los nichos que integran los bloques de nichos, las fosas, las tumbas, los mausoleos y los panteones deben cumplir los requisitos establecidos en los apartados anteriores de este artículo.

En ningún caso se pueden construir nichos nuevos sobre otros ya existentes, a menos que esta construcción responda a una segunda fase prevista en el proyecto original.

El entierro de cadáveres directamente a tierra queda sujeto a las siguientes condiciones:

a) Profundidad mínima de 2 metros.
b) Terreno con una permeabilidad suficiente o permeabilidad por una capa de sablón de un mínimo de 40 cm de grosor.
c) Utilización de sistemas que aseguren una cierta estanqueidad y al mismo tiempo permitan la suficiente ventilación por porosidad. El sistema debe evitar la salida al exterior de líquidos y olores y facilitar la destrucción del cuerpo, aislando totalmente este proceso del medio, por razones sanitarias y de higiene, y debe estar sujeto a la valoración establecida en el correspondiente estudio hidrogeológico.

El director general de Salud Pública puede autorizar, para las construcciones funerarias destinadas a inhumaciones, técnicas constructivas diferentes de la obra convencional, siempre que garanticen que se producirá el proceso de descomposición cadavérica y de mineralización de los despojos en condiciones higiénico-sanitarias adecuadas y así se acredite mediante los informes y las pruebas técnicas adecuadas.

La entidad pública titular del cementerio adjudicará, de acuerdo con sus reglamentos aprobados, los diferentes nichos, fosas o mausoleos a los interesados, que adquirirán en relación a ellos un derecho de uso que se extinguirá de acuerdo con lo establecido en la normativa de régimen local aplicable. La misma naturaleza tendrá el derecho adjudicado, cuando su titular haya de construir la fosa o mausoleo funerario.

7.4. Clausura de cementerios

Los cementerios no pueden ser destinados a otro uso hasta después de transcurrir, como mínimo, 10 años desde la última inhumación, salvo de la existencia de razones de interés público declaradas por el órgano local competente.

Todos los cementerios, con independencia de cuál sea su naturaleza jurídica y su titularidad, están sometidos al régimen y a los requisitos sanitarios fijados en el Reglamento de Sanidad Mortuoria.

Las fosas, los nichos y los mausoleos que amenacen ruina serán declarados en este estado por medio de un expediente contradictorio, en el que se considerará parte interesada las personas titulares del derecho sobre las fosas y los nichos o los mausoleos citados, como también, si procede, del titular del cementerio.

Se considerará que aquellas construcciones están en estado de ruina cuando no puedan ser reparadas por medios normales o cuando el coste de la reparación sea superior al cincuenta por ciento del coste estimado a precios actuales para su construcción.

Declaradas en estado de ruina las fosas, los nichos o los mausoleos objeto del expediente, la autoridad competente ordenará la exhumación del cadáver para su inmediata inhumación en el lugar que determine el titular del derecho sobre la fosa, el nicho o el mausoleo que haya sido declarado en estado de ruina, previo requerimiento que con este fin se le hará de forma fehaciente. En el caso que el citado titular no dispusiera nada a este respecto, la inhumación se realizará en la fosa común.

Acabada la exhumación de los cadáveres de las fosas, los nichos o los mausoleos declarados en estado de ruina, el ayuntamiento los derivará, a su cargo y de modo inmediato. En los cementerios de titularidad privada la obligación de demolición corresponde al titular; si este no procediera a la demolición el ayuntamiento lo podrá ejecutar, a cargo del obligado.

La declaración del estado de ruina de una fosa, un nicho o un mausoleo comporta la extinción del derecho de su titular. En consecuencia, tanto la exhumación para inmediata inhumación como el derribo de la fosa, el nicho o el mausoleo no darán lugar a ningún tipo de indemnización.

CAPÍTULO 8

NORMAS TÉCNICO-SANITARIAS PARA CEMENTERIOS DE EXTREMADURA

Autores

Joaquín Gámez de la Hoz
Ana Padilla Fortes
Ana Rubio García

8.1. Requisitos de emplazamiento
8.2. Proyectos técnicos de construcción, ampliación y reforma
8.3. Instalaciones, equipamientos y servicios
8.4. Clausura de cementerios

8. Normas técnico-sanitarias para cementerios de Extremadura

Se entiende por **cementerio** al recinto adecuado para inhumar restos humanos, que cuenta con la oportuna autorización sanitaria y demás requisitos reglamentarios.

8.1. Requisitos de emplazamiento

Cada municipio habrá de tener al menos un cementerio, de características adecuadas a su densidad de población, autorizado por la Dirección General de Salud Pública. Podrán crearse cementerios mancomunados que sustituyan a los anteriores, al servicio de dos o más municipios.

Los Planes Generales Municipales de Ordenación y las Normas Subsidiarias de Planeamiento habrán de incluir entre los documentos informativos, un estudio sobre las necesidades de cementerios del conjunto de la población afectada.

A tal efecto, durante el período de información pública de los Planes Generales o de las Normas Subsidiarias de Planeamiento, una vez que estén aprobados inicialmente, los Ayuntamientos los remitirán a la Consejería de Sanidad y Consumo de esta Comunidad Autónoma de Extremadura, con la sola finalidad de que se emita informe por aquella sobre la adecuación de las previsiones urbanísticas a lo dispuesto en el presente Reglamento, así como en las normas complementarias que puedan dictarse.

El emplazamiento de los cementerios de nueva construcción deberá cumplir las siguientes condiciones:

a) Habrá de hacerse sobre terrenos permeables, alejados de las zonas pobladas, de las cuáles habrán de distar, por lo menos, 500 metros.
b) Dentro del perímetro determinado por la distancia indicada, no podrá autorizarse la construcción de

viviendas o edificaciones destinadas a alojamiento humano.
c) Tendrán la consideración de zona poblada los terrenos clasificados en el planeamiento urbanístico como urbanas o urbanizables, programados no programados, donde de acuerdo con la calificación sea admisible la existencia de casas o edificaciones destinadas al alojamiento humano.
d) Cuando no exista planeamiento, la distancia se medirá a partir del recinto exterior del cementerio a la vivienda más próxima del núcleo de población.

Con carácter excepcional, en aquellos municipios en que no sea posible el cumplimiento de las normas previstas en el apartado anterior y teniendo en cuenta la dispersión y características específicas de la población, la Dirección General de Salud Pública, con los informes de la Gerencia de Área correspondiente, y de las Direcciones Generales de Urbanismo, Arquitectura y Ordenación del Territorio, y Administración Local e Interior, podrá permitir la construcción del nuevo cementerio, dejando a salvo los intereses públicos sanitarios.

8.2. Proyectos técnicos de construcción, ampliación y reforma

Todo proyecto de construcción, ampliación y reforma de un cementerio deberá contener:

a) Lugar de emplazamiento y relación con zonas habitadas expresado en mapas topográficos de escala adecuada.
b) Superficie y capacidad previstas, teniendo en cuenta proyecciones demográficas.
c) Informe geológico de la zona, con indicación de la permeabilidad del terreno, profundidad de la capa freática, características de los acuíferos, y demás condiciones hidrogeológicas que hagan viable el proyecto de construcción del cementerio. Deberá acreditarse que no hay riesgo de contaminación de captaciones de agua para abastecimiento.
d) Tipos de enterramiento y características constructivas de los mismos.

La petición de la persona o entidad propietaria para la aprobación de un proyecto será tramitada a través del Ayuntamiento de la localidad donde se pretenda instalar, cuyo emplazamiento y contenido deberá ajustarse a las prescripciones establecidas en el Reglamento de Sanidad Mortuoria.

Una vez que el proyecto está en poder del Ayuntamiento éste recabará un informe del Coordinador de la Zona de Salud o, en su defecto, del Jefe Local de Sanidad del municipio, y en caso de salas de autopsia un informe forense. Una vez, emitido el informe, acordará su exposición al público durante un plazo de quince días, a efectos de alegaciones.

Finalizado el periodo de exposición pública el expediente completo será remitido a la Dirección General de Salud Pública, de la Consejería de Sanidad y Consumo, la cuál, de ajustarse el proyecto y el expediente a la normativa vigente, lo aprobará otorgando la correspondiente autorización sanitaria, dando cuenta de dicha resolución al peticionario y al Ayuntamiento correspondiente para que, por la Corporación local, se conceda la preceptiva licencia de obras.

Contra dicha resolución cabrá recurso de alzada ante el Excmo. Sr. Consejero de Sanidad y Consumo de la Junta de Extremadura, de conformidad con la Ley 30/1992, de 26 de noviembre, sobre Régimen Jurídico de las Administraciones Públicas y del Procedimiento Administrativo Común, en la nueva redacción dada por la Ley 4/1999 de 13 de enero y con la Ley 1/2002, de 28 de febrero, del Gobierno y de la Administración de la Comunidad Autónoma de Extremadura.

En los expedientes relativos a los cementerios municipales y mancomunados la solicitud será sustituida por la certificación del acuerdo adoptado por el órgano competente de realizar su construcción, y la autorización sanitaria confirmará la licencia de obras implícita en aquel acuerdo.

Concluidas las obras de construcción, reforma o ampliación de un cementerio y sus instalaciones la persona o entidad propietaria, a través del Ayuntamiento, o éste directamente si fuera cementerio municipal, lo comunicará a la Gerencia de Área que corresponda quien, a la vista de dicha comunicación, ordenará la realización de la visita de inspección a fin de comprobar que las obras ejecutadas se ajustan al proyecto previamente aprobado, así como a las demás condiciones sanitarias aplicables al caso.

De acuerdo con el contenido del Acta de la inspección aludida en el artículo anterior y del informe de la Gerencia de Área correspondiente, la Dirección General de Salud Pública concederá o no la autorización sanitaria de funcionamiento, notificándolo al peticionario y al Ayuntamiento correspondiente, para que por el mismo se conceda la preceptiva Licencia de Apertura, salvo en los casos de cementerios municipales en los que la autorización sanitaria de funcionamiento confirmará la licencia de apertura implícita en su solicitud.

Contra dicha resolución cabrá recurso de alzada ante el Excmo. Sr. Consejero de Sanidad y Consumo de la Junta de Extremadura, de conformidad con la Ley 30/1992, de 26 de noviembre, y con la Ley 1/2002, de 28 de febrero, antes referidas.

8.3. Instalaciones, equipamientos y servicios

Atendiendo a la población a que sirven, los cementerios pueden ser:

a) Privados: Aquellos cuyo uso es exclusivo para miembros de una familia, entidad confesional u organización religiosa.
b) Públicos o Municipales: Aquellos que sirven a los núcleos de población de la Comunidad Autónoma de Extremadura.

Todo cementerio municipal deberá contar necesariamente con las siguientes instalaciones:

a) Un local destinado a depósito de cadáveres, que estará compuesto, como mínimo, de dos departamentos incomunicados entre sí, uno para depósito propiamente dicho, y otro accesible al público. La separación entre ellas se hará con un tabique completo, que tenga a una altura adecuada una cristalera lo suficientemente amplia que permita la visión directa de los cadáveres.
b) Un número de sepulturas o unidades de enterramiento vacías adecuado al censo de la población de referencia del cementerio o por lo menos terreno suficiente para su construcción dentro de los 25 años siguientes.
c) Abastecimiento de agua potable y servicio sanitario adecuado para el personal y los asistentes.

d) Osario general, destinado a recoger los restos cadavéricos provenientes de las exhumaciones.
e) Un horno destinado a la cremación de restos que no sean humanos, procedentes de la evacuación y limpieza de sepulturas o del propio cementerio, en los municipios de más de 10.000 habitantes, y en caso de los de menos de 10.000 habitantes un zona aislada destinada a tal fin.
f) Una zona de tierra destinada al posible esparcimiento de cenizas.
g) Una sala de autopsias y al menos una cámara frigorífica para la conservación de cadáveres hasta la inhumación, en los municipios con más de 5.000 habitantes.

El depósito de cadáveres podrá ser utilizado como sala de autopsias, debiendo disponer del material que señala la legislación vigente, en los municipios con población menor de 5.000 habitantes.

Sepulturas, nichos y columbarios

Una sepultura se define como cualquier lugar destinado a la inhumación de cadáveres o restos humanos dentro de un cementerio. Están dentro de dicho concepto:

1.- Fosas: Excavaciones practicadas directamente en tierra.
2.- Nichos: Cavidades construidas artificialmente, que pueden ser subterráneas o aéreas, simples o múltiples.
3.- Columbarios: Conjunto de nichos destinados a alojar los recipientes
o urnas depositarios de las cenizas procedentes de la cremación de cadáveres o restos cadavéricos.

Fosa común del siglo XVI, Málaga

Las fosas y nichos de cementerios y mausoleos o panteones construidos con posterioridad a la entrada en vigor del presente Decreto reunirán, como mínimo, las condiciones siguientes:

1. Fosas:
a) Las fosas serán como mínimo de 0,80 metros de ancho y 2,10 metros de largo, y guardarán una separación entre sí, como mínimo, de 0,50 metros por los cuatro costados. No obstante, en el caso de que se utilicen sistemas prefabricados, debidamente homologados por el Ministerio de Sanidad y Consumo, o por la Consejería de Sanidad y Consumo de la Junta de Extremadura, la separación entre las fosas vendrá determinada por las propias condiciones del modelo de prefabricado y por el diseño del proyecto técnico realizado para su implantación.
b) La profundidad mínima de enterramiento será de 2 metros a contar desde la superficie en la que reposará el féretro, hasta la rasante del terreno sobre el que se apoyará, en su caso, la lápida o monumento funerario que la distinga.
c) El modelo prefabricado que se utilice deberá asegurar una cierta estanqueidad en su estructura y con sistemas que no supongan su fracturación por asentamiento y garanticen una eliminación necesaria de los gases y lixiviados.

Aunque los materiales utilizados en la construcción de nichos y fosas sean impermeables, cada unidad de enterramiento y el sistema en su conjunto será permeable, asegurándose un drenaje adecuado y una expansión de los gases en condiciones de inocuidad y salida al exterior por la parte más elevada, en el caso de los nichos.

2. Nichos:
a) El nicho tendrá como mínimo 0,90 metros de ancho por 0,75 metros de alto y 2,60 metros de profundidad. Los de niños, de 0,50 metros por 0,50 metros en una profundidad de 1,60 metros.
b) La separación entre nichos será de 0,28 metros en vertical y 0,21 metros en horizontal, salvo si se usan sistemas prefabricados previamente homologados por el Ministerio de Sanidad y Consumo, o por la Consejería de Sanidad y Consumo de la Junta de Extremadura, en cuyo caso, la separación horizontal y vertical entre nichos vendrá dada por las características técnicas de cada sistema constructivo concreto.
c) La altura máxima para los nichos será la correspondiente a 5 filas.

d) Las galerías destinadas a defender de las lluvias las cabeceras de los nichos tendrán 2,50 metros de ancho, a contar desde su más saliente parámetro interior y su tejadillo se apoyará en un entramado vertical, sin limitar los espacios abiertos con ninguna clase de construcción.
e) El suelo de los nichos tendrá una pendiente mínima hacia el interior del uno por ciento.

3. Columbarios:

Los columbarios estarán constituidos por un conjunto de nichos, cada uno de los cuales tendrá como mínimo 0,40 metros de ancho por 0,40 metros de alto y 0,60 metros de profundidad.

Muestra de columbarios

El Registro de cadáveres que se inhumen o exhumen en el cementerio será llevado por la Administración responsable del mismo, mediante libros donde consten los datos que se determinan en el apartado l) del artículo 18 del Reglamento de Sanidad Mortuoria.

Tanto los cementerios municipales o mancomunados en poblaciones de más de 5.000 habitantes, como los cementerios privados, se regirán por un Reglamento de Régimen Interior. Para el primer supuesto, la adquisición y el derecho de uso de las sepulturas se regulará por los municipios con la aprobación del Reglamento citado, el cual deberá ajustarse a las previsiones del presente Texto y demás disposiciones concordantes.

Es responsabilidad de los titulares de los cementerios su cuidado, limpieza y acondicionamiento.

Los Ayuntamientos están obligados a que los enterramientos que se efectúen en sus cementerios se realicen sin discriminación alguna por razones de religión ni por cualquier otra.

Los ritos funerarios se practicarán conforme a lo dispuesto por el difunto o con lo que determine la familia.

Los actos de culto podrán celebrarse en las capillas o lugares de culto destinados al efecto en dichos cementerios.

8.4. Clausura de cementerios

Cuando las condiciones de salubridad y los planes de urbanización lo permitan, podrá el Ayuntamiento o entidad de quien dependa el cementerio iniciar el expediente a fin de destinar el terreno del cementerio o parte de él a otros usos.

Con la finalidad indicada y también por razones sanitarias o de agotamiento transitorio o definitivo de su capacidad, podrán suspender los enterramientos en cementerios concretos los Ayuntamientos y las Entidades o particulares de que dependan.

La Dirección General de Salud Pública, a instancia de la Gerencia de Área correspondiente, podrá suspender de oficio las inhumaciones en un cementerio por causas sanitarias.

Para llevar a cabo la recogida y traslado de restos en un cementerio clausurado, será requisito indispensable que haya transcurrido diez años, por lo menos, desde el último enterramiento efectuado. Los restos recogidos serán inhumados o enterrados en otro cementerio.

La clausura de un cementerio será competencia de la Dirección General de Salud Pública, previo informe de la Gerencia de Área que corresponda.

Los cementerios no podrán ser desafectados hasta después de transcurrir como mínimo diez años desde la última inhumación, salvo que razones de interés público lo aconsejen.

Las medidas que se adopten al amparo de las citadas prescripciones se comunicarán al público con una antelación de 3 meses, mediante publicación en los Boletines y Diarios Oficiales y en los periódicos de mayor circulación en el municipio de que se trate, a fin de que las familias de los inhumados puedan adoptar las medidas que la Ley les permita.

CAPÍTULO 9

NORMAS TÉCNICO-SANITARIAS PARA CEMENTERIOS DE GALICIA

Autores

Joaquín Gámez de la Hoz
Ana Padilla Fortes
Ana Rubio García

9.1. **Requisitos de emplazamiento**
9.2. **Proyectos técnicos de construcción, ampliación y reforma**
9.3. **Instalaciones, equipamientos y servicios**
9.4. **Clausura de cementerios**

9. Normas técnico-sanitarias para cementerios de Galicia

Un **cementerio** es un recinto cerrado adecuado para inhumar restos humanos, que cuenta con la oportuna autorización sanitaria y demás requisitos reglamentarios.

9.1. Requisitos de emplazamiento

Cada municipio tendrá por lo menos un cementerio de características adecuadas a su densidad de población y a los usos y costumbres del lugar.

Podrán establecerse cementerios confesionales o particulares, siempre que reúnan los requisitos y autorizaciones establecidas en este reglamento.

El emplazamiento de los cementerios de nueva construcción corresponderá a lo prevenido para cada municipio en el planeamiento urbanístico.

En torno al suelo destinado a la construcción de un nuevo cementerio se establecerá como zona de protección, una franja de 50 metros de anchura totalmente libre de todo tipo de construcción, medida a partir del cierre exterior del cementerio.

9.2. Proyectos técnicos de construcción, ampliación y reforma

Los expedientes para la autorización de nueva construcción y ampliación de los cementerios se instruirán por los ayuntamientos. El expediente deberá contar con la siguiente documentación:

a) Instancia de la entidad propietaria.
b) Lugar de emplazamiento.
c) Informe urbanístico favorable del ayuntamiento.
d) Autorización de la Consellería de Política Territorial, Obras Públicas y Vivienda, en los supuestos en que esta sea

preceptiva, de conformidad con lo dispuesto en el artículo 77.4º de la Ley 1/1997, de 24 de marzo, del suelo de Galicia.
e) Informe geológico favorable de los terrenos, profundidad de la capa freática, dirección de las corrientes de agua subterráneas, permeabilidad del terreno y demás características que acrediten que no hay peligro de contaminación de ningún establecimiento de agua.
f) Memoria y planos suscritos por técnico competente, en los que se harán constar la extensión y capacidad previstas, distancia mínima en línea recta a la construcción existente más próxima o al terreno urbanístico apto para la misma, comunicaciones con la zona urbana, distribución de los distintos servicios, recintos, edificios y jardines, y clase de obra y materiales que se han de emplear en los muros de cerramiento y en las edificaciones.

En los expedientes relativos a los cementerios municipales y mancomunados, la instancia será sustituida por la certificación del acuerdo adoptado por el órgano competente de realizar su construcción, y la autorización sanitaria confirmará la licencia de obras implícita en aquel acuerdo.

Sepultura con escultura, Cementerio de Nantes (Francia)

Concluido el expediente, el ayuntamiento lo expondrá al público durante un plazo de quince días, a efectos de reclamaciones, que en caso de producirse, se remitirán debidamente informadas por los ayuntamientos.

Terminada la instrucción y finalizado el período de exposición, el expediente y proyecto se remitirán al delegado provincial de la Consellería de Sanidad y Servicios Sociales, el cual, de ajustarse el proyecto y el expediente a la normativa sanitaria vigente, otorgará la correspondiente autorización sanitaria, dando cuenta de dicha resolución a la entidad propietaria y al ayuntamiento correspondiente a efectos del otorgamiento de la licencia de obras.

Para la aprobación de un proyecto de ampliación de un cementerio existente, se habrán de observar los mismos trámites y condiciones que para los de nueva construcción, excepto en lo referente a la distancia prescrita en el artículo 47° para aquellos cementerios autorizados antes de la entrada en vigor del presente decreto, de la que quedan eximidos, así como de lo establecido en el punto d) del artículo 51°. Respecto de los exceptuados informará preceptivamente la Dirección General de Patrimonio Cultural.

Finalizadas las obras de construcción o ampliación de un cementerio, la entidad propietaria, a través del ayuntamiento, lo comunicará al delegado provincial de la Consellería de Sanidad y Servicios Sociales, el cual ordenará la realización de la visita de inspección de fin de obra al objeto de comprobar el cumplimiento de las condiciones sanitarias aplicables al caso y concederá o no la autorización de apertura.

9.3. Instalaciones, equipamientos y servicios

Todo cementerio deberá necesariamente poseer las siguientes instalaciones:

1. Un local destinado a **depósito de cadáveres**. Este depósito es el lugar intermedio entre el domicilio mortuorio y el destino final del cadáver, de restos cadavéricos, de criaturas abortivas o de miembro procedente de amputación sin velación de los mismos. Cuando se acredite documentalmente que en el mismo municipio existe un depósito de cadáveres en otro cementerio, podrá eximirse de la necesidad de su instalación en el de nueva creación.
2. Todos los cementerios dispondrán de un número de sepulturas disponibles y adecuadas a la población a la que vayan a servir.
3. Un sistema adecuado para la eliminación de ropas y enseres, maderas, y demás residuos procedentes de la evacuación y limpieza de sepulturas o de la limpieza de los cementerios.
4. Servicios sanitarios adecuados.

Sepulturas, nichos y columbarios

Una sepultura es cualquier lugar destinado a la inhumación de restos humanos dentro de un cementerio. Se incluyen en este concepto:

a) Fosas: excavaciones practicadas directamente en tierra.
b) Nichos: cavidades construidas artificialmente, que pueden ser subterráneas o aéreas, simples o múltiples.
c) Columbarios: construcciones para el depósito de las urnas de cenizas.

Las sepulturas deberán reunir como mínimo las condiciones siguientes:

1. Fosas: la profundidad de las fosas será como mínimo de dos metros, su anchura de 0,80 metros y su longitud como mínimo de 2,40 metros, con un espacio de medio metro de separación entre unas y otras, y con reserva de fosas de medidas especiales.

2. Nichos:
a) El nicho tendrá como mínimo 0,75 metros de anchura, por 0,65 metros de altura y 2,40 metros de profundidad, y con reserva de nichos de medidas especiales.
b) Si los nichos son construidos por el sistema tradicional, su separación será de 0,10 metros en vertical y 0,07 metros en horizontal.
c) Si se utilizan sistemas prefabricados previamente homologados por el Ministerio de Sanidad y Consumo, la separación horizontal y vertical entre nichos vendrá dada por las características técnicas de cada sistema constructivo concreto.
d) Las galerías destinadas a defender de las lluvias las cabeceras de los nichos tendrán 2,50 metros de ancho, a contar desde su más saliente parámetro interior y su tejadillo se apoyará en un entramado vertical, sin limitar los espacios abiertos con ninguna clase de construcción.
e) Aunque los materiales utilizados en la construcción de nichos y sepulturas sean impermeables, cada unidad de enterramiento y el sistema en su conjunto será permeable, asegurándose un drenaje adecuado y una expansión de los gases en condiciones de inocuidad y salida al exterior por la parte más elevada.

3. Columbarios: tendrán como mínimo 0,40 metros de ancho, 0,40 metros de alto y 0,60 metros de profundidad.

Todo cementerio deberá contar con un **osario general** destinado a recoger los restos provenientes de las exhumaciones y, a poder ser, un horno incinerador de residuos.

El conselleiro de Sanidad y Servicios Sociales podrá autorizar la construcción de panteones especiales, tales como criptas, bóvedas o similares, en iglesias y en recintos distintos de los cementerios, previo informe favorable del proyecto, informe de la Dirección General de Patrimonio Cultural y de la información pública practicada por plazo de quince días.

Muestra de columbario

Finalizadas las obras de construcción, la entidad propietaria lo comunicará al delegado provincial de la Consellería de Sanidad y Servicios Sociales, el cual ordenará la realización de la visita de inspección de fin de obra al objeto de comprobar el cumplimiento de las condiciones sanitarias aplicables al caso.

Los lugares especiales y los cementerios de tales características, en virtud de las licencias legales correspondientes, dispondrán de un libro oficial donde se inscribirán los datos que se determinen reglamentariamente.

9.4. Clausura de cementerios

No podrá cambiarse el destino de un cementerio, hasta después de transcurrir como mínimo cinco años desde la última inhumación, salvo que razones de interés público lo aconsejen.

El delegado provincial de la Consellería de Sanidad y Servicios Sociales y por razones sanitarias, de oficio o a instancia de particulares, podrá proponer que por el ayuntamiento se declare el estado de ruina de las sepulturas mediante expediente contradictorio previsto en la normativa urbanística, considerándose a tales efectos como parte interesada al propietario del derecho de uso de las mismas.

El ayuntamiento del que dependa el cementerio lo hará saber a la entidad propietaria y al público con una antelación de tres meses, mediante publicación en los boletines y diarios oficiales y los periódicos de mayor circulación en el municipio, a fin de que las familias de los inhumados puedan adoptar las medidas que el ordenamiento jurídico les permita.

Se considerará como sepultura en estado de ruina la que como tal se define en el artículo 171 de la Ley 1/1997, de 24 de marzo, del suelo de Galicia.

La declaración del estado de ruina de una sepultura requerirá que la entidad propietaria, previa la autorización del delegado provincial de la Consellería de Sanidad y Servicios Sociales, disponga la exhumación de los cadáveres existentes para su inmediata reinhumación en el lugar que el titular del uso de la sepultura dispusiese; si no constase dicho acto de disposición, la reinhumación se efectuará en un osario general.

En el supuesto de que por razones sanitarias o de agotamiento transitorio o definitivo de su capacidad, se estime necesario, los ayuntamientos o entidades de quien dependan los cementerios afectados, podrán suspender los enterramientos en los mismos, previa resolución de clausura temporal de la Consellería de Sanidad y Servicios Sociales y proveyendo lo necesario para el cumplimiento de lo dispuesto en los artículos 44º y 54º del presente reglamento.

Sin perjuicio de lo establecido en la legislación vigente, resultante de los convenios celebrados con la Santa Sede, y demás iglesias, confesiones y comunidades religiosas, corresponderá a la Consellería de Sanidad y Servicios Sociales la competencia para autorizar la clausura definitiva de los cementerios y el traslado total o parcial de los restos.

CAPÍTULO 10

NORMAS TÉCNICO-SANITARIAS PARA CEMENTERIOS DE ISLAS BALEARES

Autores

Joaquín Gámez de la Hoz
Ana Padilla Fortes
Ana Rubio García

10.1. Requisitos de emplazamiento
10.2. Proyectos técnicos de construcción, ampliación y reforma
10.3. Instalaciones, equipamientos y servicios
10.4. Clausura de cementerios

10. Normas técnico-sanitarias para cementerios de las Islas Baleares

10.1. Requisitos de emplazamiento

Todos los Ayuntamientos vienen obligados a prestar el servicio de cementerio, de acuerdo con los requisitos que establece este Reglamento, y a lo que al efecto se prevé en la normativa vigente en materia de régimen local.

Cuando se trate de cementerios de nueva construcción, el terreno en el que se pretenda su instalación deberá reunir las condiciones siguientes:

a) En el contorno del terreno destinado a la construcción del nuevo cementerio se ha de prever una zona de protección de 25 metros de ancho que, cuando exista planeamiento, tendrá la calificación de zona dotacional del nuevo cementerio.
b) Esta zona ha de estar ajardinada y, en todo caso, libre de toda clase de construcciones. No será necesario el ajardinamiento cuando el entorno natural del cementerio no lo requiera.

La idoneidad del terreno elegido para el emplazamiento de nuevos cementerios se ha de comprobar por medio de un estudio hidrogeológico, en el que deberán definirse las características hidrogeológicas del subsuelo en la zona situada en el entorno del emplazamiento del cementerio, debiéndose incluir, además, una valoración sobre la posibilidad de contaminación de las aguas subterráneas por causa del cementerio y verificando, también la existencia de suelo superficial con una permeabilidad suficiente que permita, en caso de fugas de líquidos lixiviados, su absorción y autodepuración, manteniendo así la salubridad del recinto.

Por las autoridades a quién este atribuida la competencia para aprobar el proyecto de construcción de un nuevo cementerio o por la Consejería de Sanidad y Consumo, en caso de discrepancia con el estudio hidrogeológico acompañado al proyecto, se podrá solicitar que por el al Instituto Geológico y Minero se realice otro informe, que tendrá carácter determinante para la resolución del expediente de autorización.

El emplazamiento de los cementerios de nueva construcción se deberá ubicar en las zonas previstas en el planeamiento de cada municipio.

10.2. Proyectos técnicos de construcción, ampliación y reforma

La ampliación de un cementerio, previamente autorizado, está sujeta al cumplimiento de los requisitos exigidos en el presente Reglamento para los cementerios de nueva construcción.

Se entiende por ampliación de cementerios toda modificación que comporte el aumento de su superficie, la ampliación del número total de sepulturas autorizadas o la ampliación de instalaciones propias de la práctica mortuoria. El resto de modificaciones, tienen el carácter de reforma.

El estudio hidrogeológico, únicamente será exigible cuando la ampliación del cementerio se haga fuera del recinto existente ya autorizado.

Los planes generales de ordenación urbana y las normas subsidiarias de planeamiento han de incluir, entre los documentos informativos, un estudio sobre las necesidades que en relación al servicio de cementerio se pueden prever en el ámbito del planeamiento redactado.

Las diferentes figuras del planeamiento de la ordenación del suelo se han de ajustar, en el momento de su revisión, a las normas de este Reglamento en lo relativo al emplazamiento de cementerios.

En la tramitación de planes generales, de normas subsidiarias, de planes parciales y de planes especiales, siempre que incidan de forma directa o indirecta en las condiciones de emplazamiento de cementerios, y una vez aprobados inicialmente, se deberá solicitar informe al respecto de la Consejería de sanidad y Consumo.

A los expedientes de construcción y ampliación de cementerios se deberá acompañar la siguiente documentación:

a) Informe urbanístico, emitido por el órgano competente del Ayuntamiento respectivo, en el que la zona en la que se pretende emplazar el nuevo cementerio, o en su caso, ampliar el ya existente, esta prevista para estos usos en el planeamiento urbanístico vigente. En caso de que no haya previsión de emplazamiento, es necesario el informe de la Comisión Insular de Urbanismo correspondiente en la que conste que se ha seguido el procedimiento específico para ubicar este uso.
b) Estudio hidrogeológico del terreno, si procede, en el que consten la características de permeabilidad, la situación del nivel freático y los niveles de contaminación de los posibles acuíferos confinados cuando éstos existan, y también la dirección del flujo subterráneo.
c) Proyecto de construcción o ampliación, que ha de contener una memoria firmada por un facultativo habilitado donde se haga constar:
  - Lugar de emplazamiento.
  - Extensión prevista de la ampliación o nueva construcción.
  - Distancia en línea recta hasta la zona de población mas cercana.
  - Comunicaciones existentes con la zona urbana,
  - Distribución de los diferentes servicios, recintos, edificios y jardines.
  - Memoria de las obras a realiza y de los materiales que han de utilizarse en los muros de cierre y las edificaciones.
  - Número, tipos y características de las construcciones funerarias destinadas a inhumaciones.
  - Sistema previsto para la eliminación de las basuras y de los residuos líquidos y sólidos.

La instrucción de los expedientes de construcción o ampliación de cementerios corresponde a los respectivos Ayuntamientos, no pudiendo ser aprobados por estos sin informe favorable de la Consejería de Sanidad y Consumo, a cuyo objeto se remitirán el expediente administrativo y el proyecto, y ello sin perjuicio de cualesquiera otros informes o resoluciones de otros organismos previstas en la normativa que esa de aplicación.

Una vez finalizada las obras de construcción o ampliación de un cementerio, y previamente a la primera inhumación en las nuevas construcciones funerarias, por la Consejería de Sanidad y Consumo se deberá de comprobar que las mismas se han ejecutado de conformidad con el proyecto aprobado y que cumplen las condiciones higiénico-sanitarias previstas en este Reglamento.

10.3. Instalaciones, equipamientos y servicios

Todos los cementerios deberán contar, dentro de su recinto, con las siguientes instalaciones:

a) Un local destinado a **depósito de cadáveres**.
b) Un sector destinado al entierro de restos humanos procedentes de abortos, intervenciones quirúrgicas, mutilaciones y criaturas abortivas.
c) Un **osario general** destinado a recoger los restos provenientes de las exhumaciones, cuya compuerta de registro no será inferior a 0'4 x 0'4 x 0,4 metros.
d) Un **horno** destinado a la destrucción de ropas y objetos que no sean restos humanos y procedan de la evacuación y limpieza del interior de las sepulturas.
e) Columbarios para la colocación de urnas y una zona de tierra para el esparcimiento de cenizas mortuorias. El número de nichos para urnas que, como mínimo, tiene que contar el columbario tiene que ser de uno para cada cien habitantes del municipio, y los nichos tienen que tener unas dimensiones de, como mínimo, 0,4 x 0'4 x 0,4 metros.
f) Instalaciones de agua y servicios higiénicos para el público.

En los cementerios cuya titularidad corresponda a los Ayuntamientos, deberán, además de lo previsto en el artículo anterior, estar dotados de los siguientes servicios:
a) **Sala de autopsias**, cuya existencia será obligatoria para los cementerios ubicados en poblaciones de más de 5.000 habitantes.
b) Una sala de velatorio por cada 75.000 habitantes o fracción, siendo obligatoria su existencia en poblaciones de más de 5.000 habitantes.

Los depósitos de cadáveres podrán utilizarse como sala de autopsias si están dotados de los requisitos previstos en el apartado anterior, en poblaciones de menos de 10.000 habitantes.

Cada cementerio ha de llevar un libro-registro numerado en todas sus páginas y diligenciado por la Consejería de Sanidad y Consumo, donde se anotarán el número de orden, el nombre y apellidos del difunto, la fecha y hora de defunción, el concepto: inhumación o exhumación y la fecha y hora de éstas, procedencia y destino, facultativo, número de colegiado y de Acta, distinguiendo si la causa de la defunción es del grupo I o II.

Cementerio inglés de Málaga

Sepulturas, nichos y columbarios

Se entiende por sepultura a cualquier lugar destinada a la inhumación de restos humanos dentro de un cementerio o demás lugares de enterramiento de cadáveres autorizados, y que, a su vez, pueden ser:
- Nicho: cavidad de una construcción funeraria, construida artificialmente, que pueden ser subterránea o aérea, cerrada con una losa o tabique.
- Tumba: lugar subterráneo de inhumación de un cadáver o restos cadavéricos, integrado por uno o más nichos.
- Fosa: excavaciones practicadas directamente en la tierra.

En la construcción de los nichos de los cementerios se ha de observar las siguientes condiciones:

a) Utilizar sistemas que aseguren la estanqueidad y resistencia de su estructura y que permitan la suficiente ventilación por porosidad, evitando la salida al exterior de líquidos y olores, que puedan causar molestias, debiendo facilitar la destrucción natural del cuerpo, aislando este proceso del medio por razones sanitarias.

b) La densidad de nichos, en su conjunto, en la zona de enterramientos no podrá superar 1 nicho por cada 2 metros cuadrados de superficie de la zona de enterramiento y, en ningún caso se superarán las 12 andanas de nichos sobre rasante ni 5 andanas bajo rasante.
c) Los pasillos, escaleras y accesos al bloque de nichos, tumbas y mausoleos tendrán como mínimo 3 metros de ancho por 2,5 metros de alto; las rampas, además no superarán el 15% de pendiente. En caso de ser cubiertos, se garantizará una aireación natural o forzada suficiente con salida al exterior que, como mínimo realice 10 renovaciones/hora de aire del local.
d) Las dimensiones mínimas internas de los nichos para adultos serán de 0,75 metros de ancho, 0,60 de alto y 2,50 metros de largo. Los de niños de 0,50 metros por 0,50 con una profundidad de 1'60 metros.
e) El suelo de los nichos ha de tener una pendiente mínima de un 1% hacia el interior del recinto.
f) La fábrica de construcción de nichos o bloques de nichos se dispondrá sobre un zócalo de un mínimo de 0,25 metros a contar desde el pavimento.
g) La separación de nichos en vertical y en horizontal será la adecuada según el cálculo de resistencia de los materiales y las condiciones anteriores. Deberán garantizar la evacuación de líquidos hasta los depósitos independientes para cada nicho de un mínimo de 45 litros rellenos de material drenante que trasmita los líquidos de descomposición al terreno.
h) Delante de cada nicho sobre rasante, deberá haber un espacio libre en toda su superficie frontal que garantice la buena maniobrabilidad del féretro que, como mínimo, en los enterramientos en sentido longitudinal será de 3 metros y en sentido transversal será de 1'4 metros.
i) En ningún caso se podrán construir nichos nuevos sobre otros ya existentes, a menos que esta construcción responda a una segunda fase prevista en el proyecto original.

Los nichos ubicados en criptas, tumbas, mausoleos y panteones han de cumplir los requisitos establecidos en los apartados anteriores de este artículo y las tapas o compuertas de registro de osarios que puedan existir deberán tener unas dimensiones mínimas de 0'4 x 0'4 metros.

Además de los requisitos establecidos anteriormente, los nichos construidos sobre rasante, deberán cumplir las siguientes condiciones:
a) Estar construidos de manera que se garantice que las aguas pluviales no penetren en las unidades de enterramiento.
b) Entre la última andana y la parte inferior de la estructura cubierta sobre los nichos quedará un espacio mínimo de 0,2 metros, aislado térmicamente y ventilado con entrada y salida de aire con un mínimo de 0,13 metros cuadrados de abertura al exterior.
c) Todos los nichos deberán tener, como mínimo, una pared porosa que garantice la salida de gases y olores, con conducción estanca hasta la cámara del párrafo anterior.
d) Deberá construirse un tejadillo mínimo de 0,3 metros de ancho a contar desde el paramento exterior de la cámara de ventilación.

En la construcción de nichos bajo rasante se tienen que cumplir, además, los siguientes requisitos:
a) El bloque de nichos bajo rasante deberá estar perfectamente protegido de lluvias y filtraciones.
b) Sobre la última andana de nichos deberá garantizarse la estanqueidad y el aislamiento térmico dejando una cámara de aire de 20 centímetros si fuera necesario.
c) Todos los nichos deberán disponer de una pared porosa que garantice la salida de gases y olores, con conducción estanca hasta un mínimo de 3 metros por encima del nivel de las zonas verdes o paseos y una distancia mínima de los mismos de 3 metros.
d) En el caso de que los nichos se ubiquen en una tumba, el acceso a los mismos se realizará, en todo caso, a través de losa o cubierta que disponga de una abertura de 2,3 metros x 1 metro.

El enterramiento de cadáveres en fosas, directamente en el suelo, queda sujeto a las condiciones siguientes:
a) Profundidad mínima de 2 metros, ancho de 0,8 metros y largo de 2,5 metros como mínimo; con separaciones no inferiores a 0,5 metros entre fosas.
b) El terreno debe tener una permeabilidad suficiente o como mínimo una capa de tierra arenosa de 40 cm de grosor.
c) Utilización de sistemas que aseguren una cierta estanqueidad y además permitan la suficiente ventilación por porosidad, evitando la salida al exterior de líquidos y olores y facilitar la destrucción del cuerpo, aislando totalmente este proceso del medio, por

razones sanitarias y de higiene, y ha de estar sujeto a la valoración establecida en el correspondiente estudio hidrogeológico.

Panteones del cementerio san Miguel de Málaga

Por la Consejería de Sanidad y Consumo se podrá autorizar, en las construcciones funerarias destinadas a inhumaciones, técnicas constructivas diferentes de las previstas en el presente Reglamento, siempre que se garantice que se producirá el proceso de descomposición cadavérica y de mineralización de los despojos en condiciones higiénico-sanitarias y así se acredite mediante los informes y las pruebas técnicas adecuadas que se considere pertinente.

Todos los cementerios se regirán por un reglamento de régimen interno que será aprobado por el Ayuntamiento respectivo, previo informe sanitario favorable de la Consejería de Sanidad y Consumo.

10.4. Clausura de cementerios

Los cementerios no se pueden destinar a otro uso hasta después de transcurrir, como mínimo 10 años desde la última inhumación, salvo que existan razones de interés público declaradas por el órgano competente en cada caso, debiendo ser los restos inhumados en otro cementerio o incinerados.

Todos los cementerios, con independencia de cual sea la naturaleza jurídica y su titularidad, están sometidos al régimen y a los requisitos sanitarios del Reglamento de Sanidad Mortuoria.

Para el control del cumplimiento de las condiciones y requisitos previstos en el reglamento de sanidad mortuoria, se podrán realizar las inspecciones que se consideren oportunas por los órganos de inspección dependientes de la Consejería de Sanidad y Consumo.

CAPÍTULO 11

NORMAS TÉCNICO-SANITARIAS PARA CEMENTERIOS DE MADRID

Autores

Joaquín Gámez de la Hoz
Ana Padilla Fortes
Ana Rubio García

11.1. Requisitos de emplazamiento
11.2. Proyectos técnicos de construcción, ampliación y reforma
11.3. Instalaciones, equipamientos y servicios
11.4. Clausura de cementerios

11. Normas técnico-sanitarias para cementerios de Madrid

11.1. Requisitos de emplazamiento

El reglamento de sanidad mortuoria de la Comunidad de Madrid no contiene requisitos sobre el lugar de emplazamiento de los cementerios.

11.2. Proyectos técnicos de construcción, ampliación y reforma

La instrucción de los expedientes de construcción, ampliación y reforma de cementerios corresponderá a los Ayuntamientos.

Los cementerios precisan, para su funcionamiento, de un informe sanitario previo y vinculante.

Todo proyecto de construcción, ampliación y reforma de cementerio deberá contener:

a) Lugar de emplazamiento y relación con zonas habitadas, expresada en mapas topográficos de escala adecuada.
b) Superficie y capacidad previstas teniendo en cuenta proyecciones demográficas.
c) Informe geológico de la zona, con indicación de la permeabilidad del terreno, profundidad de la capa freática, características de los acuíferos, y demás condiciones hidrogeológicas que hagan viable el proyecto de construcción del cementerio. Deberá acreditarse que no hay riesgo de contaminación de captaciones de agua para abastecimiento.
d) Tipos de enterramientos y características constructivas de los mismos.

11.3. Instalaciones, equipamientos y servicios

Todo cementerio deberá necesariamente contar con las siguientes instalaciones:

a) Número de sepulturas o unidades de enterramiento vacías adecuado al censo de la población de referencia del cementerio, o por lo menos terreno suficiente para su construcción, dentro de los veinticinco años siguientes.
b) Abastecimiento de agua potable y servicios sanitarios adecuados, para el personal y los visitantes.
c) Osario general destinado a recoger los restos cadavéricos provenientes de las exhumaciones.
d) Servicio de control de plagas contratado con empresa autorizada cuando dicho servicio no esté integrado dentro de la propia empresa responsable de la gestión del cementerio.

Los cementerios cuya población de referencia supere los 5.000 habitantes deberán poseer, además:
a) Local o locales destinados a depósito de cadáveres. La obra estará construida con materiales lisos e impermeables para que puedan ser lavados y desinfectados con facilidad. Estos depósitos podrán ser utilizados además como sala de autopsias, debiendo disponer del material e instalaciones necesarias para este fin.
b) Asimismo deberá existir una cámara frigorífica, como mínimo de dos cuerpos, para conservación de cadáveres hasta su inhumación.

Construcciones funerarias

1. Fosas:
Las fosas serán como mínimo de 0,80 metros de ancho y 2,10 de largo y guardarán una separación entre sí como mínimo de 0,50 metros por los cuatro costados. No obstante, en el caso de que se utilicen sistemas prefabricados, debidamente homologados por el Ministerio de Sanidad y Consumo o por la Consejería de Sanidad y Servicios Sociales, la separación entre fosas vendrá determinada por las propias condiciones del modelo del prefabricado y por el diseño del proyecto técnico realizado para su implantación.

La profundidad mínima de enterramiento será de 1 metro a contar desde la superficie en la que reposará el féretro hasta la rasante del terreno sobre el que se apoyará, en su caso, la lápida o monumento funerario que la distinga.

2. Nichos:
a) El nicho tendrá como mínimo 0,80 metros de anchura por 0,65 metros de altura y 2,30 metros de profundidad.
b) La separación entre nichos será de 0,28 metros en vertical y 0,21 metros en horizontal, salvo si se utilizan sistemas prefabricados previamente homologados por el Ministerio de Sanidad y Consumo o por la Consejería de Sanidad y Servicios Sociales, en cuyo caso, la separación horizontal y vertical entre nichos vendrá dada por las características técnicas de cada sistema constructivo concreto.
c) La altura máxima para los nichos será la correspondiente a cinco filas.
d) Las galerías destinadas a defender de las lluvias las cabeceras de los nichos tendrán 2,50 metros de ancho, a contar desde su más saliente paramento interior y su tejadillo se apoyará en un entramado vertical, sin limitar los espacios abiertos con ninguna clase de construcción.

Panteón del Conde del Guadalhorce, Cementerio de San Miguel (Málaga)

Aunque los materiales utilizados en la construcción de nichos y fosas sean impermeables, cada unidad de enterramiento y el sistema en su conjunto será permeable, asegurándose un drenaje adecuado y una expansión de los gases en condiciones de inocuidad y salida al exterior por la parte más elevada, en el caso de los nichos.

El registro de cadáveres que se inhumen o exhumen en el cementerio será llevado por la administración del mismo debiendo constar los datos que se determinan en la Resolución de 13 de julio de

1976 sobre normas de registro de cadáveres y aplicación de determinados artículos del Reglamento de Policía Sanitaria Mortuoria.

Tanto los cementerios municipales o mancomunados en poblaciones de más de 5.000 habitantes, como los cementerios privados, se regirán por un Reglamento de Régimen Interior.

Es responsabilidad de los titulares de los cementerios su cuidado, limpieza y acondicionamiento.

11.4. Clausura de cementerios

Cuando las condiciones de salubridad y los planes de urbanización lo permitan, podrá el Ayuntamiento o entidad de quien el cementerio dependa, iniciar expediente, a fin de destinar el terreno del cementerio o parte de él a otros usos. Para ello será indispensable el cumplimiento de las condiciones que en este Reglamento se determinan.

Con la finalidad indicada y también por razones sanitarias o de agotamiento transitorio o definitivo de su capacidad podrán suspenderse los enterramientos en cementerios concretos.

Para llevar a cabo la recogida y traslado de restos en un cementerio clausurado, será requisito indispensable

Enterramientos de caídos en combate I guerra mundial, cementerio de Nantes (Francia)

que hayan transcurrido diez años, por lo menos, desde el último enterramiento efectuado. Los restos recogidos serán inhumados o incinerados en otro cementerio.

CAPÍTULO 12

NORMAS TÉCNICO-SANITARIAS PARA CEMENTERIOS DE NAVARRA

Autores

Joaquín Gámez de la Hoz
Ana Padilla Fortes
Ana Rubio García

12.1. Requisitos de emplazamiento
12.2. Proyectos técnicos de construcción, ampliación y reforma
12.3. Instalaciones, equipamientos y servicios
12.4. Clausura de cementerios

12. Normas técnico-sanitarias para cementerios de Navarra

12.1. Requisitos de emplazamiento

Todos los cementerios, con independencia de cuál sea su naturaleza jurídica y su titularidad, pública o privada, deberán cumplir los requisitos sanitarios establecidos en este Reglamento.

Los cadáveres, restos cadavéricos y restos humanos se inhumarán en los cementerios. Excepcionalmente, el Departamento de Salud podrá autorizar otros lugares de enterramiento diferentes a los cementerios.

Los municipios de Navarra, por sí o agrupados, deberán prestar el servicio de cementerio, de conformidad con lo establecido en la legislación general sobre administración local.

Los cementerios deberán cumplir los siguientes requisitos generales:
a) Se ubicarán sobre terrenos permeables o, de no existir otra alternativa, deberán adoptarse las medidas oportunas para favorecer su permeabilidad.
b) Dispondrán de una franja de protección de 50 metros de anchura medidos alrededor del perímetro exterior del cementerio, que deberá permanecer libre de construcciones de cualquier tipo, salvo las destinadas a usos funerarios.

12.2. Proyectos técnicos de construcción, ampliación y reforma

Los requisitos generales establecidos en el apartado anterior, serán exigibles tanto para los cementerios de nueva construcción como para la ampliación de los ya existentes. Estos requisitos, sin embargo, no serán exigibles para la realización de reformas. A estos efectos, se considerará ampliación de un cementerio toda modificación que conlleve aumento de la superficie del mismo. Se considerará reforma cualquier modificación que no suponga aumento de superficie.

Los expedientes para la autorización de nueva construcción, ampliación y reforma de cementerios, cualquiera que sea la titularidad de los mismos, serán instruidos y resueltos por los municipios en cuyo término se ubiquen, conforme a lo establecido en la normativa de actividades clasificadas para la protección del medio ambiente y deberán contar, con carácter preceptivo, con informe favorable sobre el proyecto técnico emitido por el Departamento de Salud.

Todo proyecto técnico de nueva construcción o ampliación de cementerios deberá ir acompañado de una memoria, firmada por un técnico competente en la que conste, como mínimo:

a) Lugar del emplazamiento.
b) Informe sobre características hidrogeológicas del terreno, con sus propiedades, profundidad de la capa freática, dirección de las corrientes de aguas subterráneas y espesor de la zona no saturada, que incluya un juicio global sobre el riesgo potencial de afectación de aguas subterráneas.
c) Extensión y capacidad previstas, en función de los cálculos realizados, indicando los tipos de enterramiento y sus características constructivas.
d) Distancia en línea recta a las zonas pobladas y edificaciones más próximas.
e) Comunicaciones con la zona urbana.
f) Plano de distribución de servicios, recintos y edificios.
g) Dirección de los vientos en relación con la situación de la población.
h) Clase de obras y materiales a utilizar.
i) Sistema previsto para eliminación de los residuos líquidos y sólidos.
j) Cualquier otra información necesaria para tramitar y resolver la solicitud.

En la memoria de los proyectos de reforma, será preciso incluir todos los documentos exigidos en el apartado anterior, salvo el informe hidrogeológico y el informe sobre distancias a las edificaciones más próximas.

12.3. Instalaciones, equipamientos y servicios

Los cementerios de nueva construcción, así como aquellos en los que se realice ampliación, deberán contar con las siguientes instalaciones mínimas:

1. Sepulturas o unidades de inhumación.
2. Locales, servicios e instalaciones en relación con la población de referencia:

   a) Poblaciones de menos de 2.000 habitantes: Un local destinado a **depósito de cadáveres**, de dimensiones adecuadas, con suelos y paredes lisos e impermeables y ventilación directa o con ventanas practicables, provistas de tela metálica de malla fina.
   b) Poblaciones de 2.000 a 10.000 habitantes: Local destinado a depósito de cadáveres, de dimensiones adecuadas, que estará compuesto como mínimo por dos compartimentos comunicados entre sí, uno para depósito propiamente dicho y otro accesible al público. La sala de depósito tendrá las características descritas en el párrafo anterior.
   c) Poblaciones de más de 10.000 habitantes: Además de las instalaciones señaladas en el apartado anterior, la sala de depósito de cadáveres deberá contar con agua corriente y desagüe a la red pública de saneamiento, con iluminación artificial a través de tendido eléctrico y una o más cámaras frigoríficas para conservación de dos cadáveres como mínimo. Dentro del recinto del cementerio, se dispondrá de aseos para uso del público.

3. Sistema adecuado para la eliminación de ropas, enseres y restos que no sean humanos, que procedan de la evacuación y limpieza de sepulturas o de la limpieza del cementerio.
4. Zona para la inhumación de restos cadavéricos, restos humanos procedentes de abortos, intervenciones quirúrgicas o mutilaciones y cenizas provenientes de las cremaciones.
5. En el diseño de los accesos al cementerio y en sus instalaciones y dependencias se preverá un cierre perimetral de obra de, al menos, dos

metros de altura y le será de aplicación la normativa vigente sobre barreras arquitectónicas.

Sepulturas, nichos y columbarios.

Las fosas, nichos y columbarios reunirán, como mínimo, las condiciones siguientes:

1. Fosas:
Su profundidad será de 2 metros, su anchura de 0,80 metros y su longitud de 2,30 metros, con una separación entre fosas no inferior a 0,50 metros.

2. Nichos:
a) Se instalarán sobre un zócalo de 0,25 metros de altura desde el pavimento. Tendrán 0,80 metros de ancho, 0,65 metros de alto y 2,30 metros de profundidad.
b) El suelo de los nichos ha de tener una pendiente mínima de un 1% hacia una conducción estanca situada en la parte posterior que irá a parar a un pozo filtrante, con relleno de grava y cal viva. Además, se garantizará la salida de gases desde cada nicho por una conducción hasta una cámara común situada bajo rasante, con entrada y salida de aire con una abertura mínima de 0,15 metros cuadrados, con relleno de carbón activo.
c) La fila de nichos bajo rasante deberá estar perfectamente protegida de lluvias y filtraciones.
d) Los nichos se cerrarán inmediatamente después de la inhumación.
e) La altura máxima para los bloques de nichos será de cinco filas.

Los nichos que integran mausoleos y panteones, deberán tener, al menos, las dimensiones indicadas.

Si se usan sistemas prefabricados de construcción funeraria, las dimensiones y distancias de separación vendrán dadas por las características de cada sistema

Muestra de Panteones

concreto empleado para su construcción. Estos sistemas, deberán contar con la previa homologación del Departamento de Salud.

3. Columbarios:

Tendrán como mínimo 0,40 metros de ancho, 0,40 metros de alto y 0,60 metros de profundidad. Estas dimensiones mínimas, no serán necesarias para aquellos columbarios cinerarios que tengan por finalidad el depósito de las cenizas provenientes de las cremaciones.

Deberán realizarse tratamientos de control de plagas de forma periódica por una empresa autorizada, si bien este servicio podrá prestarse por la misma entidad gestora del cementerio, siempre que cuente con autorización para este fin.

Columbarios de la Iglesia
Nuestra Señora de la Esperanza (Málaga)

Los cementerios y todos aquellos lugares de enterramiento autorizados, deberán disponer de un registro donde se inscribirán todas las inhumaciones, exhumaciones y reinhumaciones que se efectúen, con especificación de la fecha de realización, nombre del difunto o del titular del resto, del lugar concreto de inhumación, haciendo constar si el cadáver pertenece al Grupo I o al Grupo II.

12.4. Clausura de cementerios

Cuando las condiciones de salubridad o los planes urbanísticos lo permitan, podrá la entidad propietaria de un cementerio iniciar expediente a fin de destinar el terreno o parte del mismo a otros usos. Si el cambio de destino deriva de planes y proyectos de ordenación territorial o de la realización de obras de interés general, se considerará entidad propietaria a la Administración correspondiente o, en su caso, al beneficiario de la expropiación.

No podrán ser clausurados los cementerios en los que permanezcan inhumados cadáveres o restos humanos con una antigüedad inferior a cinco años, salvo que razones de interés público lo aconsejen o resulte imprescindible para la ejecución de un proyecto declarado de interés general.

Con la finalidad indicada en el apartado anterior y también por razones sanitarias o de agotamiento transitorio o definitivo de su capacidad, la entidad propietaria del cementerio podrá acordar la suspensión de enterramientos en el mismo.

Corresponde al Departamento de Salud la competencia para autorizar la clausura de un cementerio y la recogida y traslado total o parcial de restos que se hallen en él. La entidad propietaria del cementerio solicitará al Departamento de Salud la autorización de clausura y traslado de restos del cementerio, mediante escrito razonado al que se acompañará acreditación de la antigüedad de los enterramientos existentes en dicho cementerio.

El Departamento de Salud, una vez comprobado el cumplimiento de los requisitos establecidos en el reglamento de sanidad mortuoria, autorizará la clausura, recogida y traslado de los restos existentes en el cementerio, sin perjuicio de otras autorizaciones que sean exigibles en aplicación de la legislación vigente.

Cuando la clausura, recogida y traslado de restos se refiera a cementerios que no sean de propiedad municipal, el Departamento de Salud, con carácter previo al otorgamiento de la autorización de clausura, deberá dar audiencia a la entidad local en cuyo territorio se encuentre ubicado el cementerio.

CAPÍTULO 13

NORMAS TÉCNICO-SANITARIAS PARA CEMENTERIOS DEL PAIS VALENCIANO

Autores

Joaquín Gámez de la Hoz
Ana Padilla Fortes
Ana Rubio García

13.1. Requisitos de emplazamiento
13.2. Proyectos técnicos de construcción, ampliación y reforma
13.3. Instalaciones, equipamientos y servicios
13.4. Clausura de cementerios

13. Normas técnico-sanitarias para cementerios del País Valenciano

Se entiende por **cementerio** un recinto cerrado adecuadamente habilitado para inhumar restos humanos, que cuenta con la oportuna autorización sanitaria y demás requisitos reglamentarios.

13.1. Requisitos de emplazamiento

Todos los municipios, independientemente o asociados, deben prestar el servicio de cementerio, de acuerdo con los requisitos que establece este Reglamento. No obstante, el Consell del Gobern Valenciano, al amparo de lo dispuesto en la normativa de régimen local, podrá dispensar la prestación de dicho servicio si resultara imposible o de muy difícil cumplimiento

El emplazamiento deberá adecuarse a lo previsto en el planeamiento urbanístico.

En todo caso, el emplazamiento deberá garantizar un perímetro de protección de 25 metros que, cuando exista planeamiento, debe estar calificado como zona dotacional, y libre de toda clase de construcciones

La idoneidad del terreno elegido se ha de comprobar mediante un estudio hidrogeológico. Dicho estudio definirá el funcionamiento hidrogeológico del subsuelo de la zona situada en el entorno del emplazamiento del cementerio, estableciendo, a partir de las metodologías adecuadas, las litologías y estructuras de los materiales, el grosor de la zona no saturada, tipo de porosidad y concluyendo sobre el riesgo potencial de afectación de las aguas subterráneas

La capacidad que debe tener un cementerio debe determinarse en función del número de defunciones ocurridas en el término municipal durante los últimos años, así como de su evolución. Cada cementerio, igualmente, debe disponer de un número de sepulturas que posibilite hacerse cargo de los entierros que se prevean para los 20 años siguientes a su construcción, y de terreno suficiente para poder incrementar este número de sepulturas según las necesidades previstas para los siguientes 25 años.

13.2. Proyectos técnicos de construcción, ampliación y reforma

La ampliación de un cementerio previamente autorizado está sujeta a los mismos requisitos de emplazamiento exigidos a los de nueva construcción.

Se entiende por ampliación de cementerios toda modificación que comporte aumento de superficie o la ampliación del número total de unidades de enterramiento. El resto de modificaciones tiene el carácter de reforma.

El estudio hidrogeológico referido será exigible en el caso de que la ampliación del cementerio se haga fuera del recinto existente ya autorizado.

La reforma de cementerios no está sujeta a las normas de emplazamiento reguladas en los artículos anteriores.

Los Planes Generales deben incluir, entre los documentos informativos, un estudio sobre las necesidades de superficie en función del número de defunciones previsibles que, en relación con el servicio de cementerio, se pueden prever en el ámbito del planeamiento redactado.

Las diferentes figuras de planeamiento deben ajustarse, en el momento de su revisión, a lo previsto en este Reglamento sobre emplazamientos de cementerios

Los expedientes de construcción y ampliación de cementerios deben incluir la siguiente documentación:
a) Informe urbanístico donde conste que el emplazamiento del cementerio es el previsto en el planeamiento urbanístico vigente. En el caso de que no haya previsión de emplazamiento, es necesario el informe de la Comisión Territorial de Urbanismo donde conste que se ha seguido el procedimiento específico para ubicar este uso.
b) Estudio hidrogeológico del terreno, donde consten sus características de permeabilidad, la situación del nivel freático y/o los niveles de contaminación de posibles acuíferos y también la dirección del flujo subterráneo.
c) Proyecto de construcción o ampliación que ha de contener una memoria firmada por técnico competente donde se haga constar:

1º El lugar de emplazamiento.
2º La extensión prevista de la ampliación o nueva construcción.
3º La distancia en línea recta hasta la zona de población más próxima.
4º Las comunicaciones existentes con la zona urbana.
5º La distribución de los diferentes servicios, recintos, edificios y jardines.
6º La memoria de las obras a realizar y la clase de materiales que deben utilizarse en los muros y cierres de las edificaciones.
7º El número, tipo y características de las construcciones funerarias destinadas a inhumaciones.
8º El sistema previsto para la eliminación de desechos y residuos sólidos y líquidos.

Los expedientes de reforma de cementerios deben incluir la documentación anterior, excepto el estudio hidrogeológico y el informe urbanístico.

13.3. Instalaciones, equipamientos y servicios

Todos los cementerios deberán contar, además de con el número correspondiente de sepulturas, con las siguientes instalaciones:

a) Un local destinado al depósito de cadáveres. Estos depósitos pueden ser utilizados como salas de autopsias cuando reúnan las condiciones previstas a continuación:
1º Suelo y paredes de material impermeable, de fácil limpieza.
2º La unión del tabique y del suelo, y de los tabiques entre sí, debe ser redondeada.
3º El suelo debe tener una pendiente superior al 1% en dirección al desagüe.
4º Una mesa de autopsias de acero inoxidable o de otro material impermeable de fácil limpieza y desinfección, con desagüe y agua fría y caliente.
5º Instrumental necesario para la realización de la intervención y material para su desinfección.
6º Servicios sanitarios, vestidor y duchas, independientes y anexos a la sala de autopsia, para uso exclusivo del médico forense y el personal auxiliar que efectúe la autopsia.

b) Un sector destinado al entierro de restos humanos procedentes de abortos, de intervenciones quirúrgicas, de mutilaciones y de criaturas abortivas.

c) Un **osario general** destinado a recoger los restos provenientes de las exhumaciones cuya compuerta de registro no será inferior a 0,4 x 0,4 metros.

d) Un **horno crematorio** de cementerio. En su defecto, los residuos podrán ser gestionados a través de un gestor de residuos autorizado.

e) Columbarios para la colocación de urnas y una zona destinada a esparcir las cenizas procedentes de las incineraciones.

f) Instalaciones de agua y servicios higiénicos.

Cada cementerio debe llevar un libro-registro oficial en donde se anotarán los datos que se determinen reglamentariamente y, entre otros:

a) Las inhumaciones y exhumaciones que se realicen, con especificación del número de orden, el nombre, apellidos y número del Documento Nacional de Identidad del difunto o del titular del resto, la fecha y hora de defunción y la causa.

b) Facultativo que firma la defunción y el número de colegiado, y acta oficial de defunción que especifique si la causa de la muerte lo hace ser un cadáver del grupo I o II.

Los datos anteriores se podrán registrar en soporte informático.

Construcciones funerarias

Una sepultura es cualquier lugar destinado a la inhumación de cadáveres o restos cadavéricos dentro de un cementerio o en lugar debidamente autorizado. Se incluyen en este concepto:

1. Fosa: excavaciones practicadas directamente en tierra.

Fosa común ejecutados en la guerra civil, cementerio de San Rafael (Málaga)

2. Nicho: cavidades de una construcción funeraria para la inhumación de uno o más cadáveres o restos cadavéricos, construidas artificialmente, que pueden ser subterráneas o aéreas, cerradas con una losa o tabique.

3. Tumba: lugar soterrado de inhumación de uno o más cadáveres o restos cadavéricos, cubierto por una losa e integrado por uno o más nichos.

4. Panteón: monumento funerario destinado a la inhumación de diferentes cadáveres o de restos cadavéricos, integrado por uno o más nichos.

5. Mausoleo: tumba monumental o conjunto monumental de tumbas.

6. Columbario: construcción funeraria con nichos para depositar las urnas con cenizas.

7. Cripta: bóveda subterránea de una iglesia que sirve de sepultura y que comprende uno o más nichos.

Panteón Marqués de Larios, cementerio de San Miguel (Málaga)

En la construcción de los nichos de los cementerios se han de observar las siguientes condiciones:
a) Las dimensiones internas de los nichos deben ser de 0,90 metros de ancho, 0,75 metros de altura y 2,60 metros de profundidad. Las de niños, de 0,50 metros por 0,50 metros, con una profundidad de 1,60 metros.
b) El suelo de los nichos debe tener una pendiente mínima del 1% hacia el interior.

Para la construcción de nichos deben utilizarse sistemas que garanticen una cierta estanqueidad de su estructura y, al mismo tiempo, permitan la suficiente ventilación por porosidad. El sistema debe evitar la salida al exterior de líquidos y olores y facilitar la destrucción del cuerpo, aislando totalmente este proceso del medio, por razones sanitarias y de higiene.

Los nichos que integran los bloques de nichos, las fosas, las tumbas, los mausoleos y los panteones deben cumplir también los requisitos establecidos en los apartados anteriores.

En ningún caso se podrán construir nichos nuevos sobre otros ya existentes, a menos que esta eventualidad estuviera ya prevista en el proyecto original para una segunda fase.

En el caso de que se utilicen nichos prefabricados, previa obtención de certificado de conformidad emitido por Organismo de Control autorizado de los previstos en la normativa vigente en materia de infraestructuras para la calidad y la seguridad industrial, la separación vertical y horizontal de los nichos vendrá dada por las características técnicas de cada sistema constructivo.

Los columbarios tendrán como mínimo 0,40 metros de ancho por 0,40 metros de alto y 0,60 metros de profundidad.

El enterramiento de cadáveres directamente en tierra queda sujeto a las siguientes condiciones:

a) Profundidad mínima de 2 metros, ancho de 0,80 metros y largo de 2,5 metros como mínimo; con separaciones no inferiores a 0,5 metros entre fosas, y con reserva de fosas de medidas especiales.
b) Terreno con una permeabilidad suficiente o permeabilidad por una capa de sablón de un mínimo de 40 centímetros de espesor o equivalente.
c) Utilización de sistemas que aseguren una cierta estanqueidad y al mismo tiempo permitan la suficiente ventilación. El sistema debe evitar la salida al exterior de líquidos y olores y facilitar la destrucción del cuerpo, aislando totalmente este proceso del medio, por razones sanitarias y de higiene, y debe estar sujeto a la valoración establecida en el correspondiente estudio hidrogeológico.

En el caso de que se utilicen sistemas prefabricados, previa obtención de certificado de conformidad emitido por Organismo de Control autorizado de los previstos en la normativa vigente en materia de infraestructuras para la calidad y la seguridad industrial, la separación entre fosas vendrá determinada por las propias condiciones del modelo prefabricado y por el diseño del proyecto técnico realizado para su implantación.

La Conselleria competente en materia de calidad de la edificación podrá autorizar, para las construcciones funerarias destinadas a inhumaciones, técnicas constructivas diferentes de la obra convencional, siempre que garanticen que se producirá el proceso de descomposición cadavérica y de mineralización de los despojos en condiciones higiénico-sanitarias y así se acredite mediante los informes y las pruebas técnicas adecuadas.

La Dirección Territorial de la Conselleria de Sanidad podrá autorizar, igualmente, la construcción de panteones especiales, tales como criptas, bóvedas y similares, en iglesias, y en recintos distintos de los cementerios. Finalizada la obra de construcción, el titular de la misma lo comunicará a la Dirección Territorial de la Conselleria de Sanidad, la cual ordenará la realización de la visita de inspección de fin de obra al objeto de comprobar el cumplimiento de las condiciones sanitarias aplicables al caso.

El procedimiento se adecuará a la normativa vigente de régimen local.

La entidad propietaria del cementerio adjudicará, de acuerdo con sus reglamentos aprobados y con la legislación vigente de régimen local, los diferentes nichos, fosas o mausoleos a los interesados, que tratándose de cementerios públicos adquirirán en relación con ellos un derecho de uso que se extingue de acuerdo con lo establecido en la legislación aplicable. La misma naturaleza tendrá el derecho adjudicado cuando su titular haya de construir la fosa o mausoleo funerario.

En el caso de cementerios privados, los derechos sobre nichos, fosas o mausoleos se adquirirán o perderán de acuerdo con lo previsto en el Derecho Civil y en este Reglamento.

Para el control del cumplimiento de las condiciones y requisitos previstos del reglamento de sanidad mortuoria, se podrán realizar las inspecciones que se consideren necesarias, tanto por la Conselleria de Sanidad como por otros órganos autonómicos o municipales.

Todos los cementerios se regirán por un Reglamento de Régimen Interior, que será aprobado por el Ayuntamiento respectivo.

13.4. Clausura de cementerios

En el supuesto de que por razones sanitarias o de agotamiento transitorio o definitivo de su capacidad se estime necesario, los Ayuntamientos o los titulares de los cementerios afectados podrán suspender los enterramientos en los mismos, proveyendo lo necesario, en todo caso, para no interrumpir el servicio.

Sin perjuicio de lo establecido en la legislación vigente resultante de los Convenios celebrados con la Santa Sede y demás iglesias, confesiones y comunidades religiosas, corresponderá al Ayuntamiento la competencia para autorizar la clausura definitiva de los cementerios y el traslado total o parcial de los restos.

Sin perjuicio de lo establecido en la legislación vigente, el cambio de destino de un cementerio requerirá la previa autorización de clausura y ejecución del Ayuntamiento correspondiente

Todos los cementerios y demás lugares autorizados de enterramiento, con independencia de cuál sea su naturaleza jurídica y su titularidad, están sometidos al régimen y a los requisitos sanitarios establecidos en el Reglamento de Sanidad Mortuoria.

Las fosas, nichos y los mausoleos que amenacen ruina serán declarados en este estado por medio de un expediente contradictorio, en el que se considerarán parte interesada las personas titulares del derecho sobre las fosas, los nichos o los mausoleos citados, como también, si procede, el titular del cementerio.

Se considerará que aquellas construcciones están en estado de ruina cuando no puedan ser reparadas por medios normales o cuando el coste de la reparación sea superior al cincuenta por ciento del coste estimado a precios actuales para su construcción.

Declaradas en estado de ruina las fosas, los nichos o los mausoleos objeto del expediente, el Alcalde ordenará la exhumación del cadáver para su inmediata inhumación en el lugar que determine el titular del derecho sobre la fosa, el nicho o el mausoleo que haya sido declarado en estado de ruina, previo requerimiento que con este fin se le hará de forma fehaciente. En el caso de que el titular no dispusiese nada a este respecto, la inhumación se realizará en la fosa común del mismo cementerio.

Acabada la exhumación de los cadáveres, las fosas, los nichos o los mausoleos declarados en estado de ruina serán derribados por el Ayuntamiento a su cargo y de modo inmediato. En los cementerios de titularidad privada, la obligación de demolición corresponde al titular, y si éste no precediese a la misma, el Ayuntamiento lo podrá ejecutar a cargo del obligado.

La declaración del estado de ruina de una fosa, un nicho o un mausoleo comporta la extinción del derecho de su titular. En consecuencia, tanto la exhumación para la inmediata inhumación como el derribo de las fosas o el mausoleo no darán, por sí mismos, lugar a ningún tipo de indemnización.

CAPÍTULO 14

NORMAS TÉCNICO-SANITARIAS PARA CEMENTERIOS DEL PAIS VASCO

Autores

Joaquín Gámez de la Hoz
Ana Padilla Fortes
Ana Rubio García

14.1. Requisitos de emplazamiento
14.2. Proyectos técnicos de construcción, ampliación y reforma
14.3. Instalaciones, equipamientos y servicios
14.4. Clausura de cementerios

14. Normas técnico-sanitarias para cementerios del País Vasco

Un **cementerio** es un terreno delimitado que se habilita para dar sepultura a cadáveres, restos cadavéricos, restos humanos o las cenizas procedentes de ellos, sin que se deriven riesgos para la salud pública.

14.1. Requisitos de emplazamiento

Todos los municipios están obligados a prestar el servicio de cementerio, por sí mismos o agrupados, de conformidad con lo establecido en la legislación de régimen local.

Todos los cementerios, con independencia de cuál sea su naturaleza jurídica y su titularidad, pública o privada, deberán cumplir los requisitos establecidos en el Reglamento de Sanidad Mortuoria.

El Departamento de Sanidad podrá autorizar la construcción de cementerios específicos para diferentes creencias religiosas si, al solicitarlo, se justifica debidamente que las características de la instalación reúnen todos los requisitos higiénico-sanitarios que garanticen la ausencia de riesgos para la salud pública y el medio ambiente.

Los cadáveres, restos cadavéricos y restos humanos, salvo que éstos sean incinerados en establecimiento autorizado, se inhumarán en los cementerios. El Departamento de Sanidad podrá excepcionalmente autorizar otros lugares de enterramiento diferentes a los cementerios, garantizándose en todo caso la salud pública.

Todos los cementerios quedan sujetos a los siguientes requisitos:

1.– Se ubicarán sobre terrenos permeables o, de no existir otra alternativa, deberán adoptarse las medidas oportunas para favorecer su permeabilidad.

2.– Dispondrán de un cierre perimetral mediante vallado, cercado o muro como medio para delimitar su superficie.

3.– Dispondrán de una franja de protección de 10 metros de anchura, medidos desde el perímetro exterior del cementerio, que deberá permanecer libre de construcciones de cualquier tipo, salvo las destinadas a usos funerarios.

4.– Dispondrán de sepulturas o unidades de enterramientos.

14.2. Proyectos técnicos de construcción, ampliación y reforma

Los expedientes para la autorización de nueva construcción de cementerios deberán ir acompañados de una memoria, en la que conste como mínimo:

a) Lugar de emplazamiento e Informe urbanístico, emitido por el órgano competente del Ayuntamiento respectivo, en el que la zona en la que se pretende emplazar el nuevo cementerio, o en su caso, ampliar el ya existente, está prevista para estos usos en el planeamiento urbanístico vigente. En caso de que no haya previsión de emplazamiento, es necesario el informe de la Comisión de Ordenación del Territorio del País Vasco en la que conste que se ha seguido el procedimiento específico para ubicar este uso.

b) Estudio hidrogeológico del terreno, con sus propiedades, profundidad de la capa freática, dirección de las corrientes de aguas subterráneas y espesor de la zona no saturada, que incluya un juicio global sobre el riesgo potencial de afectación de aguas subterráneas.

c) Extensión prevista de la nueva construcción.

d) Distancia desde el cierre perimetral (valla, cerca o muro) hasta la edificación no funeraria más cercana.

e) Capacidad prevista, indicando los tipos de enterramiento y sus características constructivas.

f) Distribución de los diferentes servicios, recintos, edificios y jardines.

g) Obras a realizar y materiales que han de utilizarse en los muros de cierre y en las edificaciones.

h) Sistema previsto para la eliminación de las basuras y de los residuos, sólidos o líquidos.

En los proyectos de ampliación, será preciso incluir todos los documentos exigidos en el apartado 1, salvo el informe hidrogeológico.

En los proyectos de reforma será preciso incluir todos los documentos exigidos en el apartado 1, salvo el informe urbanístico e hidrogeológico. Se considerará reforma de cementerio cualquier modificación que no suponga aumento de superficie y, ampliación del cementerio toda modificación que conlleve aumento de la superficie del mismo.

Todo cementerio a ubicar, ampliar o reformar en la Comunidad Autónoma del País Vasco está sujeto a:
a) Autorización administrativo-sanitaria previa de creación, concedida por el Departamento de Sanidad, tras la presentación de un proyecto que contemple las condiciones y requisitos señalados en este Capítulo II.
b) Autorización administrativo-sanitaria de funcionamiento, otorgada por el Departamento de Sanidad, tras acreditar que cumple las condiciones y requisitos establecidos, lo que se constatará tras la visita de inspección y posterior informe favorable.

14.3. Instalaciones, equipamientos y servicios

Los cementerios dispondrán de las siguientes instalaciones y servicios:
a) Zona para la inhumación de restos humanos procedentes de abortos, intervenciones quirúrgicas o mutilaciones y para las cenizas provenientes de las cremaciones.
b) En las poblaciones de más de 5.000 habitantes, se dispondrá de una sala depósito de cadáveres, de dimensiones adecuadas, con suelos y paredes lisas e impermeables, de fácil lavado y desinfección y que deberá contar con: desagüe a la red pública de saneamiento, iluminación artificial y cámaras frigoríficas suficientes para la conservación de cadáveres, en aquellos cementerios en los que no se garantice la inhumación de los cadáveres dentro del periodo de 48 horas establecido en el artículo 6 de este Reglamento.
c) Área de osario para ubicar restos cadavéricos.
d) Abastecimiento de agua potable.
e) Sistema adecuado para la eliminación de ropas, enseres o residuos procedentes de la limpieza de las sepulturas y del cementerio.

Construcciones funerarias

Las nuevas instalaciones para la inhumación de cadáveres, restos y cenizas cumplirán los siguientes requisitos:

1) Fosa excavada en tierra.

Las características mínimas que tendrán son: una profundidad de 2 metros, su anchura será de 0,80 metros y su longitud de 2,50 metros, con una separación entre sí como mínimo de 0,50 metros por los cuatro costados.

2) Bloque de nichos.

Las características mínimas serán: se instalará sobre un zócalo de 0,25 metros de altura desde el pavimento; tendrán 0,80 metros de ancho, 0,65 metros de alto y 2,50 metros de profundidad; el suelo de los nichos ha de tener una pendiente mínima del 1% hacia una conducción estanca situada en la parte posterior que irá a parar a un pozo filtrante, con relleno de grava y cal viva. Además, se garantizará la salida de gases desde cada nicho por una conducción hasta una cámara común trasera, con entrada y salida de aire con una abertura mínima de 0,15 metros cuadrados, con relleno de carbón activo. La fila de nichos bajo el tejado deberá estar perfectamente protegida de lluvias y filtraciones. Los nichos se cerrarán inmediatamente después de la inhumación. La altura máxima para los bloques de nichos será de cinco filas.

Bloques de nichos

3) Columbarios.

Tendrán como mínimo 0,40 metros de ancho y 0,60 metros de profundidad. Estas dimensiones mínimas, no serán necesarias para aquellos columbarios cinerarios que tengan por finalidad el depósito de las cenizas provenientes de las cremaciones.

4) Panteones, mausoleos y demás sepulturas.

Las unidades de enterramiento que integran dichas construcciones funerarias deberán tener, al menos, las dimensiones establecidas en el apartado anterior. El sistema en su conjunto será permeable, asegurándose un drenaje adecuado y una expansión de los gases en condiciones de inocuidad.

En los cementerios deberán realizarse tratamientos de control de plagas de forma periódica por una empresa autorizada, si bien este servicio lo podrá prestar la misma entidad gestora del cementerio, siempre que cuente con autorización para este fin.

Necrópolis megalítica
Dolmen de Antequera (Málaga)

Los cementerios y todos aquellos lugares de enterramiento autorizados, deberán disponer de un registro donde se inscribirán todas las inhumaciones, exhumaciones y reinhumaciones que se efectúen, con especificación de la fecha de realización, nombre del difunto o del titular del resto humano, del lugar concreto de inhumación.

Los cementerios se regirán por un Reglamento de Régimen Interior, que contemplará aquellos aspectos relativos a procedimientos para la organización, funcionamiento y gestión del cementerio, salvaguardando el cumplimiento de este Reglamento y de la legislación vigente.

Es responsabilidad de los titulares de los cementerios su cuidado, limpieza y acondicionamiento.

14.4. Clausura de cementerios

Corresponde al Departamento de Sanidad la competencia para autorizar la clausura de un cementerio y la recogida y traslado total o parcial de restos que se hallen en él. La entidad de la que dependa el cementerio solicitará al Departamento de Sanidad la autorización de clausura y traslado de restos del cementerio, mediante escrito razonado al que se acompañará acreditación de la antigüedad de los enterramientos existentes en dicho cementerio.

El Departamento de Sanidad, una vez comprobado el cumplimiento de los requisitos establecidos en el presente Reglamento, autorizará la clausura, recogida y traslado de los restos existentes en el cementerio, sin perjuicio de otras autorizaciones que sean exigibles en aplicación de la legislación vigente.

Cuando la clausura, recogida y traslado de restos se refiera a cementerios de titularidad privada, el Departamento de Sanidad, con carácter previo al otorgamiento de la autorización de clausura, deberá dar audiencia a la entidad local en cuyo territorio se encuentre ubicado el cementerio.

Cuando las condiciones de salubridad y los planes urbanísticos lo permitan, podrá la entidad de la que dependa el cementerio iniciar expediente a fin de destinar el terreno o parte del mismo a otros usos. Para ello será indispensable el cumplimiento de las condiciones que se determinan reglamentariamente.

Con la finalidad indicada en el punto anterior y también por razones sanitarias o de agotamiento transitorio o definitivo de su capacidad, podrán suspenderse los enterramientos en cementerios concretos mediante resolución expresa del Departamento de Sanidad.

Para llevar a cabo la recogida y traslado de restos, será requisito indispensable que hayan transcurrido diez años, por lo menos, desde el último enterramiento efectuado, salvo que razones de interés público lo aconsejen o resulte imprescindible para la ejecución de un proyecto de interés general.

En los casos de clausura del cementerio la entidad de la que dependa dará a conocer al público la recogida de los restos cadavéricos con una antelación mínima de tres meses, mediante publicación en el Boletín Oficial del País Vasco y en los periódicos de mayor circulación de la Comunidad Autónoma, a fin de que las familias de los inhumados puedan adoptar las medidas que su derecho les permita.

Los restos cadavéricos recogidos serán incinerados, trasladados a osario o inhumados en otro cementerio.

CAPÍTULO 15

NORMAS TÉCNICO-SANITARIAS PARA CEMENTERIOS DE LA RIOJA

Autores

Joaquín Gámez de la Hoz
Ana Padilla Fortes
Ana Rubio García

15.1. Requisitos de emplazamiento
15.2. Proyectos técnicos de construcción, ampliación y reforma
15.3. Instalaciones, equipamientos y servicios
15.4. Clausura de cementerios

15. Normas técnico-sanitarias para cementerios de la Rioja

15.1. Requisitos de emplazamiento

Cada municipio tendrá por lo menos un cementerio de características adecuadas a su densidad de población y a los usos y costumbres del lugar. Los cementerios deberán mantenerse en las mejores condiciones posibles y en buen estado de conservación.

Podrán establecerse cementerios públicos y privados, siempre que reúnan los requisitos y autorizaciones establecidas en este Reglamento.

Los Ayuntamientos determinarán en los Planes Generales Urbanísticos o Normas Subsidiarias de Planeamiento, la zona reservada para cementerios.

El emplazamiento de los cementerios de nueva construcción habrá de hacerse sobre terrenos permeables, alejados de las zonas pobladas por lo menos 500 metros, sin que pueda autorizarse la construcción de viviendas dentro de estos límites. Excepcionalmente, y a juicio de la autoridad sanitaria, podrá autorizarse el emplazamiento del cementerio a menor distancia. En todo caso se respetarán las instalaciones de los cementerios actualmente en uso.

La capacidad de los cementerios estará, en general, en relación con el número de defunciones ocurridas en los términos municipales durante los últimos veinte años, con especificación de los enterramientos efectuados en cada año, y deberá ser suficiente para enterramientos en los diez años posteriores a su construcción ofreciendo, además, la superficie necesaria para realizar enterramientos durante veinticinco años.

En la construcción de un cementerio se tendrá en cuenta la dirección de los vientos en relación con la situación de la población.

Las mancomunidades de municipios y las áreas metropolitanas podrán construir un cementerio supramunicipal siempre que cumplan las especificaciones contenidas en el Reglamento de Sanidad Mortuoria.

15.2. Proyectos técnicos de construcción, ampliación y reforma

Los expedientes de construcción, ampliación y reforma de cementerios públicos se instruirán por los Ayuntamientos. Terminada la instrucción, expediente y proyecto se remitirán a la Dirección General de Salud y Consumo, que a la vista del informe del Jefe Local de Sanidad del municipio correspondiente, resolverá sobre su aprobación definitiva.

La construcción, ampliación y reforma de cementerios particulares o privados, se regirán por las mismas normas de tramitación que los municipales.

Antes de que se proceda a la apertura de un cementerio, por la Dirección General de Salud y Consumo se realizará una visita de inspección al mismo, para comprobar que se han observado todas las exigencias y requisitos que establece el Reglamento de Sanidad Mortuoria, y se procederá en su caso a la correspondiente autorización de apertura.

A todo proyecto de nuevo cementerio, deberá acompañar una memoria en la que se hará constar:

a) Lugar de emplazamiento.
b) Extensión y capacidad previstas.
c) Distancia mínima en línea recta a la zona de población más próxima.
d) Comunicaciones con la zona urbana.
e) Propiedades geológicas de los terrenos, profundidad de la capa freática, dirección de las corrientes de agua subterráneas y demás características que aconsejen y hagan viable el proyecto de construcción del cementerio, e Informe Técnico del Instituto Geológico y Minero de España o de cualquier otro organismo oficial, sobre permeabilidad del terreno, acreditando que no haya peligro de contaminación de acuíferos susceptibles de suministro de agua a núcleos de población.
f) Clase de obra y materiales que han de emplearse en las edificaciones y en los muros de cerramiento.

15.3. Instalaciones, equipamientos y servicios

Todo cementerio deberá poseer las siguientes instalaciones:
a) Un local destinado a depósito de cadáveres, que estará compuesto como mínimo de dos departamentos, uno para el depósito propiamente dicho y otro accesible al público, que estará separado del depósito por un tabique con cristalera suficiente para la visión directa de los cadáveres. Los huecos de ventilación estarán provistos de tela metálica de malla fina bien conservada, para evitar el acceso de insectos al cadáver.

El número de estos locales estará en relación con el número de defunciones ocurridas en los últimos veinte años. La obra estará construida con materiales lisos e impermeables para que puedan ser lavados y desinfectados con facilidad. Estos depósitos podrán ser utilizados, además, como sala de autopsia, debiendo disponer del material necesario que especifica la legislación vigente.

Así mismo deberá existir una cámara frigorífica para conservación de cadáveres hasta su inhumación. Si existieran varios cementerios en un mismo término municipal, bastará situarla solamente en uno de ellos.
b) Número de sepulturas vacías adecuado al censo de población, o por lo menos suficiente para su construcción dentro de los veinticinco años establecidos.
c) Un horno destinado a la destrucción de ropas y enseres, maderas, coronas y flores que procedan de la evacuación y limpieza de sepulturas o de la limpieza de los cementerios.
d) Servicios sanitarios adecuados, lavabos, servicios higiénicos y ducha con agua caliente.

Será obligatoria la existencia de un crematorio de cadáveres, en los municipios de población superior a 200.000 habitantes.

En los casos en que en el municipio hubiese más de un cementerio, la Dirección General de Salud y Consumo podrá autorizar que el crematorio esté solamente ubicado en uno de ellos y si es privado previa aportación del correspondiente proyecto.

En las poblaciones de menos de 5.000 habitantes, el depósito de cadáveres podrá ser utilizado como sala de autopsia. En las poblaciones de mayor censo deberá existir, además, una sala de autopsias independiente.

Deberá existir un sector destinado al enterramiento de restos humanos procedentes de abortos, intervenciones quirúrgicas y mutilaciones.

Deberán existir, además, los locales necesarios para los servicios administrativos.

Los cementerios deberán estar provistos de instalaciones de agua y de los servicios sanitarios para el personal y los visitantes del mismo. Así mismo deberán estar provistos de escaleras para el servicio al público a los efectos de colocar flores, coronas y emblemas.

Se tendrá en cuenta lo previsto en la Ley de eliminación de barreras físicas, para facilitar el acceso a los recintos de personas discapacitadas.

Construccciones funerarias

Las fosas y nichos deberán reunir, como mínimo, las siguientes condiciones:

1. Fosas:

La profundidad de las fosas será, como mínimo, de dos metros, su ancho de 0,80 metros y su largo, como mínimo, de 2,50 metros, con un espacio de medio metro entre unas y otras.

2. Nichos:
a) El nicho tendrá, como mínimo, 0,80 metros de ancho, por 0,65 metros de alto, y su largo, como mínimo, de 2,50 metros, y 0,50 x 0,50 y 1,60, respectivamente, si es para niños.
b) Si los nichos son construidos por el sistema tradicional, su separación será de 0,28 metros en vertical y 0,21 metros en horizontal.

Muestra de nichos

c) La altura máxima para los nichos será la correspondiente a cinco filas.
d) Las galerías destinadas a defender de las lluvias las cabeceras de los nichos tendrán 2,50 metros de ancho, a contar desde su más saliente parámetro interior y su tejadillo se apoyará en un entramado vertical, sin limitar los espacios abiertos con ninguna clase de construcción.
e) Si se utilizan sistemas prefabricados, previamente homologados por el Ministerio de Sanidad y Consumo, la separación horizontal y vertical entre nichos vendrá dada por las características técnicas de cada sistema constructivo concreto. Aunque los materiales utilizados en la construcción de nichos y sepulturas sean impermeables, cada unidad de enterramiento y el sistema en su conjunto, será permeable, asegurándose un drenaje adecuado y una expansión de los gases en condiciones de inocuidad y salida al exterior por la parte más elevada. Se taparán los nichos inmediatamente después de la inhumación con un doble tabique de 0,05 metros de espacio libre.

3. Columbarios:

Tendrán como mínimo 0,40 metros de alto, y 0,60 metros de profundidad.

Columbarios en piedra natural

En el área del cementerio podrán construirse sepulturas privadas e instalar monumentos, siempre que reúnan las condiciones de sanidad ambiental y cumplan lo establecido en el Reglamento de Sanidad Mortuoria y de las Ordenanzas del cementerio de cada municipio.

Cada cementerio deberá contar con un **osario general** destinado a recoger los restos provenientes de las exhumaciones, y a poder ser un horno incinerador de restos. La Consejería de Salud, Consumo y Bienestar Social podrá autorizar, en casos especiales y previa justificación, la recogida de restos para estudios anatómicos.

En los cementerios, tanto municipales como privados, corresponden a los Ayuntamientos los derechos y deberes siguientes:

a) El cuidado, limpieza y acondicionamiento del cementerio.
b) La distribución y concesión de parcelas, sepulturas, nichos y columbarios.
c) La percepción de derechos y tasas que proceda por la ocupación de terrenos y licencias de obras.
d) El nombramiento y remoción de empleados.
e) Llevar el registro de sepulturas en un libro foliado y sellado.

Tanto los cementerios municipales o supramunicipales en poblaciones de más de 10.000 habitantes, como los cementerios privados, se regirán por un Reglamento de Régimen Interno que será aprobado por la Dirección General de Salud y Consumo.

El registro de cadáveres que se inhumen, exhumen o incineren en el cementerio, en virtud de las autorizaciones legales correspondientes, será llevado por la Administración del mismo mediante libros, donde consten los datos que se determinen por la Dirección General de Salud y Consumo.

Todo cementerio será inspeccionado por los servicios sanitarios correspondientes de la Dirección General de Salud y Consumo cuando estos lo estimen oportuno, a fin de comprobar las condiciones de los mismos. Esta inspección se realizará, como mínimo, una vez al año.

15.4. Clausura de cementerios

Los cementerios, públicos o privados, no podrán ser desafectados hasta después de transcurrir, como mínimo, diez años desde la última inhumación, salvo que razones de interés público o sanitario lo aconsejen.

Cuando las condiciones de salubridad y los planos de urbanización lo permitan, podrá el Ayuntamiento o entidad de quien el cementerio dependa, iniciar expediente a fin de destinar el terreno del cementerio o parte de él a otros usos. Con la finalidad indicada y también por razones sanitarias o de agotamiento transitorio o definitivo de su capacidad, los Ayuntamientos o entidades particulares de quien dependan los cementerios afectados, podrán suspender los enterramientos de los mismos, previa Resolución de la Dirección General de Salud y Consumo.

Sin perjuicio de lo establecido por el Derecho Canónico, corresponderá a la Dirección General de Salud y Consumo la competencia para autorizar la clausura de un cementerio municipal o privado y el traslado total o parcial de los restos mortales que se hallen en él, previo informe de los servicios técnicos de dicha Dirección General.

Para llevar a cabo la recogida y traslado de restos, en un cementerio, será requisito indispensable que hayan transcurrido, como mínimo, diez años, desde el último enterramiento efectuado. Los restos serán inhumados o incinerados en otro cementerio.

El Ayuntamiento del que dependa aquel cementerio lo hará saber al público con una antelación mínima de tres meses, mediante publicación en el «Boletín Oficial del Estado» y «Boletín Oficial de La Rioja», y en el periódico de mayor circulación en su municipio, a fin de que las familias de los inhumados puedan adoptar las medidas que su derecho les permita. También se publicará en el Tablón de Anuncios del Ayuntamiento correspondiente.

CAPÍTULO 16

 NORMAS TÉCNICO-SANITARIAS PARA CEMENTERIOS DE CEUTA

Autores

Joaquín Gámez de la Hoz
Ana Padilla Fortes
Ana Rubio García

16.1. Requisitos de emplazamiento
16.2. Proyectos técnicos de construcción, ampliación y reforma
16.3. Instalaciones, equipamientos y servicios
16.4. Clausura de cementerios

16. Normas técnico-sanitarias para cementerios de Ceuta

16.1. Requisitos de emplazamiento

Todos los cementerios, con independencia de cuál sea su naturaleza jurídica y su titularidad, pública o privada, deberán cumplir los requisitos sanitarios establecidos en este Reglamento.

Los cadáveres, restos cadavéricos y restos humanos se inhumarán en los cementerios. Excepcionalmente, la Consejería podrá autorizar otros lugares de enterramiento diferentes a los cementerios.

Cementerio islámico Yabal-Faruh, Calle Agua (Málaga)

La Ciudad de Ceuta prestará el servicio de cementerio, de conformidad con lo establecido en la legislación general sobre régimen local.

Los cementerios deberán cumplir los siguientes requisitos generales:

a) Se ubicarán sobre terrenos permeables o, de no existir otra alternativa, deberán adoptarse las medidas oportunas para favorecer su permeabilidad.

b) Dispondrán de una franja de protección de 50 metros de anchura medidos alrededor del perímetro exterior del cementerio, que deberá permanecer libre de construcciones de cualquier tipo, salvo las destinadas a usos funerarios.

Los requisitos generales establecidos en el apartado anterior, serán exigibles tanto para los cementerios de nueva construcción como para la ampliación de los ya existentes.

Estos requisitos, sin embargo, no serán exigibles para la realización de reformas.

A estos efectos, se considerará ampliación de un cementerio toda modificación que conlleve aumento de la superficie del mismo. Se considerará reforma cualquier modificación que no suponga aumento de superficie.

16.2. Proyectos técnicos de construcción, ampliación y reforma

Los expedientes para la autorización de nueva construcción, ampliación y reforma de cementerios, cualquiera que sea la titularidad de los mismos, serán instruidos y resueltos por la Ciudad, conforme a lo establecido en la normativa de actividades clasificadas para la protección del medio ambiente y deberán contar, con carácter preceptivo, con informe favorable sobre el proyecto técnico emitido por la Consejería.

Todo proyecto técnico de nueva construcción o ampliación de cementerios deberá ir acompañado de una memoria, firmada por un técnico competente en la que conste, como mínimo:

a) Lugar del emplazamiento.
b) Informe sobre características hidrogeológicas del terreno, con sus propiedades, profundidad de la capa freática, dirección de las corrientes de aguas subterráneas y espesor de la zona no saturada, que incluya un juicio global sobre el riesgo potencial de afectación de aguas subterráneas.
c) Extensión y capacidad previstas, en función de los cálculos realizados, indicando los tipos de enterramiento y sus características constructivas.
d) Distancia en línea recta a las zonas pobladas y edificaciones más próximas.
e) Comunicaciones con la zona urbana.
f) Plano de distribución de servicios, recintos y edificios.
g) Dirección de los vientos en relación con la situación de la población.
h) Clase de obras y materiales a utilizar.
i) Sistema previsto para eliminación de los residuos líquidos y sólidos.
j) Cualquier otra información necesaria para tramitar y resolver la solicitud.

En la memoria de los proyectos de reforma, será preciso incluir todos los documentos exigidos en el apartado anterior, salvo el informe hidrogeológico y el informe sobre distancias a las edificaciones más próximas.

16.3. Instalaciones, equipamientos y servicios

Los cementerios de nueva construcción, así como aquellos en los que se realice ampliación, deberán contar con las siguientes instalaciones mínimas:

1. Sepulturas o unidades de inhumación.
2. Un local destinado a **depósito de cadáveres**, de dimensiones adecuadas, con suelos y paredes lisas e impermeables y ventilación directa ó con ventanas practicables, provistas de tela metálica de malla fina. La sala de depósito de cadáveres deberá contar con agua corriente, fría y caliente, y desagüe a la red pública de saneamiento, con iluminación artificial a través del tendido eléctrico y dos o más cámaras frigoríficas para conservación de dos cadáveres como mínimo. Dentro del recinto del cementerio, se dispondrá de aseos para uso del público. La sala contará con una mesa suficientemente amplia, de acero inoxidable para la práctica de autopsias: los fluidos corporales deberán ir a la red de saneamiento.
3. Sistema adecuado para la eliminación de ropas, enseres y restos que no sean humanos, que procedan de la evacuación y limpieza de sepulturas o de la limpieza del cementerio.
4. Zona para la inhumación de restos cadavéricos, restos humanos procedentes de abortos, intervenciones quirúrgicas o mutilaciones y cenizas provenientes de las cremaciones.
5. En el diseño de los accesos al cementerio y en sus instalaciones y dependencias se preverá un cierre perimetral de obra de, al menos, dos metros de altura y le será de aplicación la normativa vigente sobre barreras arquitectónicas.

Construcciones funerarias

Las fosas, nichos y columbarios de nueva construcción reunirán, como mínimo, las condiciones siguientes:

1. Fosas:
Su profundidad será de 2 metros, su anchura de 0,80 metros y su longitud de 2,30 metros, con una separación entre fosas no inferior a 0,50 metros.

2. Nichos:
a) Se instalarán sobre un zócalo de 0,25 metros de altura desde el pavimento. Tendrán 0,74 metros de ancho, 0,64 metros de alto y 2,30 metros de profundidad para los enterramientos de adultos y de 0,50 metros de ancho, 0,50 metros de alto y 1,60 de profundidad para los enterramientos de niños.

Necrópolis islámica, Félix Saenz (Málaga)

b) El suelo de los nichos ha de tener una pendiente mínima de un 1 % hacia una conducción estanca situada en la parte posterior que irá a parar a un pozo filtrante, con relleno de grava y cal viva. Además, se garantizará la salida de gases desde cada nicho por una conducción hasta una cámara común situada bajo rasante, con entrada y salida de aire con una abertura mínima de 0,15 metros cuadrados, con relleno de carbón activo.
c) La fila de nichos bajo rasante deberá estar perfectamente protegida de lluvias y filtraciones.
d) Los nichos se cerrarán inmediatamente después de la inhumación.
e) La altura máxima para los bloques de nichos será de cinco filas.

Los nichos que integran mausoleos y panteones, deberán tener, al menos, las dimensiones previamente indicadas.

3. Columbarios:

Tendrán como mínimo 0,40 metros de ancho, 0,40 metros de alto y 0,60 metros de profundidad.

Estas dimensiones mínimas, no serán necesarias para aquellos columbarios cinerarios que tengan por finalidad el depósito de las cenizas provenientes de las cremaciones.

Si se usan sistemas prefabricados de construcción funeraria, las dimensiones y distancias de separación vendrán dadas por las características de cada sistema concreto empleado para su construcción. Estos sistemas, deberán contar con la previa homologación de la Consejería.

Se realizarán tratamientos de control de plagas de forma periódica por una empresa autorizada o por los servicios municipales, si bien este servicio podrá prestarse por la misma entidad gestora del cementerio, siempre que cuente con autorización para este fin.

Los cementerios y todos aquellos lugares de enterramiento autorizados, deberán disponer de un registro donde se inscribirán todas las inhumaciones, exhumaciones y reinhumaciones que se efectúen, con especificación de la fecha de realización, identidad del cadáver o resto, del lugar concreto de inhumación, haciendo constar si el cadáver pertenece al Grupo I o al Grupo II.

16.4. Clausura de cementerios

Cuando las condiciones de salubridad o los planes urbanísticos lo permitan, podrá la entidad propietaria de un cementerio iniciar expediente a fin de destinar el terreno o parte del mismo a otros usos. Si el cambio de destino deriva de planes y proyectos de ordenación territorial o de la realización de obras de interés general, se considerará entidad propietaria a la Administración correspondiente o, en su caso, al beneficiario de la expropiación.

No podrán ser clausurados los cementerios en los que permanezcan inhumados cadáveres o restos humanos con una antigüedad inferior a cinco años, salvo que razones de interés público lo aconsejen o resulte imprescindible para la ejecución de un proyecto declarado de interés general.

Con la finalidad indicada anteriormente y también por razones sanitarias o de agotamiento transitorio o definitivo de su capacidad, la Consejería, de oficio o a petición del titular del cementerio podrá acordar la suspensión de enterramientos en el mismo.

Corresponde a la Consejería la competencia para autorizar la clausura de un cementerio y la recogida y traslado total o parcial de restos que se hallen en él. La entidad titular del cementerio solicitará a la Consejería la autorización de clausura y traslado de restos del cementerio, mediante escrito razonado al que se acompañará acreditación de la antigüedad de los enterramientos existentes en dicho cementerio.

La Consejería, una vez comprobado el cumplimiento de los requisitos establecidos en el presente Reglamento autorizará la clausura, recogida y traslado de los restos existentes en el cementerio, sin perjuicio de otras autorizaciones que sean exigibles en aplicación de la legislación vigente.

Obtenida la autorización exigida para la clausura del cementerio, la entidad propietaria dará a conocer al público la recogida de los restos con una antelación mínima de dos meses, mediante publicación en el Boletín Oficial de la Ciudad y en un periódico de máxima difusión de la Ciudad, a fin de que las familias de los inhumados puedan adoptar las medias que su derecho les permita.

La entidad propietaria deberá comunicar a la Consejería el día y la hora en que se procederá a la recogida y traslado de los restos.

Los restos recogidos serán cremados o inhumados en otro cementerio.

CAPÍTULO 17

NORMAS TÉCNICO-SANITARIAS PARA CEMENTERIOS EN EL ÁMBITO NACIONAL

Autores

Joaquín Gámez de la Hoz
Ana Padilla Fortes
Ana Rubio García

17.1. Requisitos de emplazamiento
17.2. Proyectos técnicos de construcción, ampliación y reforma
17.3. Instalaciones, equipamientos y servicios
17.4. Apertura y clausura de cementerios

17. Normas técnico-sanitarias para cementerios en el ámbito nacional

17.1. Requisitos de emplazamiento

En los planes generales y parciales de ordenación urbana, en los que se proyecten servicios públicos complementarios (como escuelas, lugares de culto, centros sanitarios, instalaciones deportivas y similares) se incluirá en estas previsiones la instalación de un depósito funerario, como lugar de etapa del cadáver entre el domicilio mortuorio y el cementerio.

La autorización de estos depósitos se obtendrá de acuerdo con lo establecido en el reglamento de sanidad mortuoria.

Cada Municipio habrá de tener un cementerio, por lo menos, de características adecuadas a su densidad de población autorizado por la Jefatura Provincial de Sanidad.

Podrán crearse cementerios mancomunados, que sustituyan a los anteriores, al servicio de dos o más municipios.

La Dirección General de Sanidad podrá autorizar la construcción de cementerios para Comunidades exentas de la obligación de enterrar a sus miembros en los cementerios comunes si, al solicitarlo se justifica debidamente tal condición. Dichos cementerios habrán de reunir los requisitos y obtener la autorización establecidas en el reglamento de sanidad mortuoria.

Los Ayuntamientos, al elaborar los nuevos planes de urbanización, determinaran en ellos, previo informe del Jefe Local de Sanidad, la zona o zonas reservadas a necrópolis. Las Comisiones Provinciales de Urbanismo, y en Madrid y Barcelona las Comisiones especiales correspondientes, velarán por el cumplimiento de esta obligación municipal.

El emplazamiento de los cementerios de nueva construcción habrá de hacerse sobre terrenos permeables, alejados de las zonas pobladas, de las cuales deberán distar, por lo menos. 500 metros. Dentro del perímetro determinado por la distancia indicada, no podrá autorizarse la construcción de viviendas o edificaciones destinadas a alojamiento humano.

El Ministerio de la Gobernación, sin perjuicio de lo dispuesto en las normas y planes urbanísticos aplicables, podrá excepcionalmente permitir la construcción de cementerios sin el cumplimiento de los requisitos anteriores, a propuesta de la Dirección General de Sanidad, en expediente en el que informarán el Jefe local de Sanidad y la Comisión Delegada de Sanidad de la provincial de Servicios Técnicos.

17.2. Proyectos técnicos de construcción, ampliación y reforma

Los expedientes de construcción, ampliación y reforma de cementerios se instruirán por los Ayuntamientos con informe del Jefe Local de Sanidad. Terminada la tramitación, expediente y proyecto se remitirán a la Jefatura Provincial de Sanidad que, en unión de su informe, los elevará al Gobernador civil de la provincia para su aprobación definitiva.

Antes de que se proceda a la apertura de un cementerio, habrá de hacerse una visita de inspección al mismo para comprobación de que se han observado todas las exigencias y requisitos que establece este Reglamento. Dicha visita se llevará a cabo por el delegado de la Jefatura Provincial de Sanidad, que concederá, en su caso, la correspondiente autorización de apertura.

A todo proyecto de cementerio deberá acompañar una Memoria, firmada por el técnico facultativo correspondiente, en la que se haga constar:

a) Lugar de emplazamiento, así como propiedades del terreno, profundidad de la capa freática y dirección de las corrientes de aguas subterráneas.
b) Extensión y capacidad previstas.
c) Distancia mínima en línea recta de la zona poblada más próxima.
d) Comunicaciones con la zona urbana.
e) Distribución de los distintos servicios, recintos, edificios y jardines.
f) Clase de obras y materiales que se han de emplear en los muros de cerramientos y en las edificaciones.

La capacidad de los cementerios estará en relación con el número de defunciones ocurridas en los términos municipales durante el último decenio, especificadas por años. Para el cálculo de su extensión se tendrán en cuenta dos previsiones:

a) Que haga innecesario el levantamiento de sepulturas en un plazo de diez años por lo menos.
b) Que ofrezca, además, la superficie necesaria para las edificaciones que obligadamente han de construirse en el recinto del cementerio.

17.3. Instalaciones, equipamientos y servicios

Los cementerios deberán mantenerse en las mejores condiciones posibles y en buen estado de conservación. En todos los cementerios municipales deberá existir por lo menos:

a) Un local destinado a **depósito de cadáveres**, que estará compuesto, como mínimo, de dos departamentos, incomunicados entre si, uno para depósito propiamente dicho y otro accesible al público. La separación entre ellos se hará con un tabique completo, que tenga a una altura adecuada, una cristalera lo suficientemente amplia que permita la visión directa de los cadáveres.

La capacidad de estos locales estará en relación con el numero de defunciones por todas las causas, en el ultimo decenio, especificadas por años, en la población de que se trate: la altura mínima de los techos será de tres metros; las paredes serán lisas e impermeables para que puedan ser lavadas fácilmente; las aristas y vértices interiores se suavizaran de modo que resulten superficies curvas, el suelo, impermeable, tendrá la inclinación suficiente para que discurran las aguas de limpieza y viertan fácilmente al sumidero. En las poblaciones de menos de 5.000 habitantes el depósito de cadáveres podrá ser utilizado como sala de autopsia, debiendo disponer del material que señala la legislación vigente. En las poblaciones de mayor censo deberá existir además una sala de autopsias independiente, y, a ser posible, una cámara frigorífica para la conservación de cadáveres hasta su inhumación.

b) Un número de sepulturas vacías adecuado al censo de población del municipio o, por lo menos, terreno suficiente para las mismas.

c) Un sector destinado al enterramiento de los restos humanos procedentes de abortos, intervenciones quirúrgicas y mutilaciones.
d) Un **horno** destinado a la destrucción de ropas y cuantos objetos, que no sean restos humanos, procedan de la evacuación y limpieza de sepulturas.
e) Deberán existir además los locales necesarios para los servicios administrativos.

Será obligatorio disponer de **crematorio de cadáveres** dentro del recinto del cementerio en los municipios de población mayor de medio millón de habitantes Los municipios menores que acuerden también su instalación lo solicitarán como aquéllos, de la Dirección General de Sanidad, presentando el proyecto detallado a través de la Jefatura Provincial de Sanidad respectiva.

En los supuestos de cadáveres del grupo I, el propósito de la cremación se pondrá en conocimiento de la Jefatura Provincial de Sanidad que podrá prohibirla por razones sanitarias.

Las cenizas resultantes de la cremación serán colocadas en estuches de cenizas, figurando en el exterior el nombre del difunto. Dichos estuches podrán ser objeto de traslado o depositados en el propio cementerio. A este efecto, los cementerios dispondrán de una zona en tierra o en nichos para la coloración de los estuches de cenizas mortuorias.

El transporte del estuche de cenizas o su depósito posterior no estarán sujetos a ninguna exigencia sanitaria.

El encargado del cementerio inscribirá en el libro general de enterramientos los cadáveres incinerados.

Tumba gitana

Construcciones funerarias

Las fosas y nichos de cementerios y mausoleos o panteones reunirán, como mínimo, las condiciones siguientes, que se especificarán en la Memoria y proyecto de construcción:

1. Fosas. Su profundidad será de dos metros: su ancho de 0,80 metros su largo, como mínimo, de dos metros, con un espacio de medio metro de separación entre unas y otras.

2. Nichos.
a) La fábrica de la construcción del nicho o bloque de nichos cargará sobre un zócalo de 0,35 metros a contar desde el pavimento.
b) Los ángulos de los parios y de las andanas serán achaflanados, y los espacios que resulten entre las andanas a sus lados, junto al chaflán y el muro exterior de cerramiento, quedarán libres de construcción de armaduras y cubiertas para la mejor ventilación.
c) Los nichos se construirán con bóveda de doble tabicado.
d) La separación de los nichos en vertical será de 0,28 metros, y en horizontal de 0,21 metros.
e) El nicho tendrá 0,75 metros de ancho, 0,60 metros de alto y 2,50 metros de profundidad, para los enterramientos de adultos, y 0,50 metros por 0,50 metros y por 1,60 metros, respectivamente, para los niños.
f) Entre la última andana y la parte inferior de la armadura descubierta sobre los nichos quedará un espacio de 0,50 metros, a lo menos, con aberturas de 0,63 metros de longitud por 0,20 metros de altura.
g) Las galerías destinadas a defender de las lluvias las cabeceras de los nichos tendrán 2,50 metros de ancho, a contar de su más saliente parámetro interior y su tejadillo se apoyará en un entramado vertical, sin limitar los espacios abiertos con ninguna clase de construcción.
h) El lado más corto de cada uno de los patios tendrá una longitud equivalente al cuádruplo de la altura de las andanas.
i) Se taparán los nichos inmediatamente después de la inhumación con un doble tabique de 0,05 metros de espacio libre.

No se revestirán los nichos ni las fosas con cemento hidráulico ni con ninguna otra sustancia impermeable.

En los cementerios municipales corresponden a los Ayuntamientos los derechos y deberes siguientes:
a) El cuidado, limpieza y acondicionamiento del cementerio.
b) La distribución y concesión de parcelas y sepulturas.

c) La percepción de derechos y tasas que procedan por la ocupación de terrenos y licencias de obras.
d) El nombramiento y remoción de empleados.
e) Llevar el registro de sepulturas en un libro foliado y sellado.

Tanto los cementerios municipales o mancomunados públicos en poblaciones de más de 10.000 habitantes, como los cementerios regulados en el párrafo tercero de la base 33 de la Ley de Sanidad Nacional de 25 de noviembre de 1944, se regirán por su Reglamento de régimen interior que será aprobado por el Gobernador Civil de la provincia, previo informe de la Jefatura Provincial de Sanidad.

Los cementerios de poblaciones de más de 10.000 habitantes y los privados tendrán un encargado de su administración, designado por la autoridad municipal correspondiente o por la Entidad o particular de quien dependan.

El registro de cadáveres que se inhumen, exhumen o incineren en el cementerio, en virtud de las licencias legales correspondientes, será llevado por la Administración del mismo mediante libros donde consten los datos que se determinen por la Dirección General de Sanidad mediante resolución publicada en el Boletín Oficial del Estado.

La Administración del cementerio comunicará al Jefe de Sanidad Local y en las capitales de provincias a la Jefatura Provincial de Sanidad, los datos reseñados en el libro registro, en la misma fecha en que se practiquen las anotaciones.

Panteón familia Heredia, Cementerio de San Miguel (Málaga)

17.4. Apertura y clausura de cementerios

Cuando las condiciones de salubridad y los planes de urbanización lo permitan, podrá el Ayuntamiento o Entidad de quien el cementerio dependa, iniciar expediente a fin de destinar el terreno del cementerio o parte de él a otros usos. Para ello será indispensable el cumplimiento de las condiciones que resultan del texto de los artículos siguientes, además de lo dispuesto en el Reglamento de Bienes de las Entidades Locales, si se trata de cementerio municipal.

Con la finalidad indicada y también por razones sanitarias o de agotamiento transitorio o definitivo de su capacidad, previa resolución o autorización de la Jefatura Provincial de Sanidad y proveyendo lo necesario al cumplimiento de lo dispuesto en el artículo 47, podrán suspender los enterramientos en cementerios concretos los Ayuntamientos y las Entidades o particulares de que dependan.

Sin perjuicio de lo establecido por el Derecho Canónico, corresponderá al Gobierno Civil de la Provincia la competencia para autorizar la clausura de un cementerio municipal y el traslado total o parcial de los restos mortales que se hallen en él, previo informe de la Jefatura Provincial de Sanidad. En el supuesto de cementerios privados o particulares dicha competencia corresponderá al Ministro de la Gobernación, previo informe de la Dirección General de Sanidad.

Para llevar a cabo la recogida y traslado de restos en un cementerio será requisito indispensable que hayan transcurrido diez años, por lo menos, desde el ultimo enterramiento efectuado Los restos recogidos serán inhumados o incinerados en otro cementerio.

Tumba niña Violette,
Cementerio inglés de Málaga

El Ayuntamiento del que dependa aquel cementerio lo hará saber al público con una antelación mínima de tres meses mediante publicación en los Boletines y Diarios Oficiales y en los particulares de mayor circulación en su Municipio, a fin de que las familias de los inhumados puedan adoptar las medidas que su derecho les permita.

BIBLIOGRAFIA

Normativa Nacional

Ministerio de la Gobernación (1974). Decreto 2263/1974, de 20 de julio, por el que se aprueba el Reglamento de Policía Sanitaria Mortuoria. BOE 197: 17000-06, de 17 de agosto de 1974.

Normativa autonómica

1.Andalucía
Consejería de Salud (2001). Decreto 95/2001, de 3 abril, por el que se aprueba el Reglamento de Policía Sanitaria Mortuoria. BOJA 50: 6679, de 3 de mayo de 2001.

Consejería de Salud (2007). Decreto 238/2007, de 4 de septiembre, por el que se modifica el Reglamento de Policía Sanitaria Mortuoria, aprobado por Decreto 95/2001, de 3 de abril. BOJA 184: 6, de 18 de septiembre de 2007.

Consejería de Salud (2011). Decreto 141/2011, de 26 de abril, de modificación y derogación de diversos decretos en materia de salud y consumo para su adaptación a la normativa dictada para la transposición de la Directiva 2006/123/CE, del Parlamento Europeo y del Consejo, de 12 de diciembre de 2006, relativa a los servicios en el mercado interior. BOJA 92: 10-13, de 12 de mayo 2011.

2.Aragón
Departamento de Salud y Consumo (1987). Decreto 15/1987, de 16 de febrero, de la Diputación General de Aragón, por el que se regula el traslado de cadáveres en la Comunidad Autónoma de Aragón. BOA 23, de 27 de febrero de 1987.

Departamento de Salud y Consumo (1996). Decreto 106/1996, de 11 de junio, del Gobierno de Aragón, por el que se aprueban normas de Policía Sanitaria Mortuoria. BOA 72, de 21 de junio de 1996.

3.Asturias
Consejería de Servicios Sociales (1998). Decreto 72/1998, de 26 de noviembre, por el que se aprueba el Reglamento de Policía Sanitaria Mortuoria en el ámbito del Principado de Asturias. BOPA: 14522-31, de 9-12-1998.

4.Cantabria
Decreto 1/1994, de 18 de enero, por el que se aprueba el reglamento de policía Sanitaria Mortuoria. BOC 40, de 28 de enero de 1994.

Consejo de Gobierno (2011). Decreto 2/2011, de 3 de febrero, por el que se modifica el Decreto 1/1994, de 18 de enero, por el que se aprueba el Reglamento de Policía Sanitaria Mortuoria de Cantabria. BOC 30: 4527-30, de 14 de febrero del 2011.

5.Castilla -La Mancha
Consejería de Sanidad (1999). Decreto 72/1999, de 1 de junio, de sanidad mortuoria. DOCM 36:3662-73, de 4 de junio de 1999.

Consejería de Sanidad (2000). Orden de 17 de enero del 2000, de desarrollo del Decreto de Sanidad Mortuoria. DOCM 6:494-8, de 28 de enero de 2000.

6.Castilla y León
Consejería de Sanidad (2005). Decreto 16/2005, de 10 de febrero, por el que se regula la policía sanitaria mortuoria en la Comunidad de Castilla y León. BOCL 29: 2531-8, de 11 de febrero 2005.

7.Cataluña
Presidencia de la Generalitat (1997). Decreto 297/1997, de 25 de noviembre, por el que se aprueba el reglamento de policía sanitaria mortuoria. DOGC 2528: 13878-83, de 28 de noviembre de 1997.

8. Extremadura
Consejería de sanidad y consumo (2002). Decreto 161/2002, de 19 de noviembre, por el que se aprueba el Reglamento de Policía Sanitaria Mortuoria. DOE 137: 14366-86, de 26 de noviembre de 2002.

Consejería de sanidad y consumo (2006). Orden de 23 de marzo de 2006 por la que se regulan distintos procedimientos de autorización en Policía Sanitaria Mortuoria. DOE 40: 5838-41, de 4 de abril del 2006.

9. Galicia
Consellería de sanidade e servicios sociais (1998). Decreto 134/1998, do 23 de abril, sobre policía sanitaria mortuoria. DOG 88: 4985-95, de 11 de mayo de 1998.

Consellería de sanidade e servicios sociais (1999). Decreto 3/1999, de 7 de enero, por el que se modifica parcialmente el Decreto 134/1998, do 23 de abril, sobre policía sanitaria mortuoria. DOG 9: 484, de 15 de enero de 1999.

10. Islas Baleares
Conselleria de sanitat i consum (1997). Decret 105/1997, de dia 24 de juliol, pel qual s'aprova el Reglament de Policia Sanitària Mortuòria de la Comunitat Autònoma de les Illes Balears. BOCAIB 99:12270-77, de 7 de agosto de 1997.

Conselleria de salut i consum (2004). Decret 87/2004, de dia 15 d'octubre de 2004, de modificació del Decret 105/1997. De 24 de juliol, i del reglament de policia sanit ària mortuòria. BOIB 148: 4-6, de 23-10-2004.

11. Islas Canarias
Sin reglamento autonómico. Se aplica el Decreto 2263/1974.

12. Madrid
Consejería sanidad y servicios sociales (1997). Decreto 124/1997, de 9 de octubre, por el que se aprueba el Reglamento de Sanidad Mortuoria. BOCM 246: 6-ss, de 16 de octubre de 1997.

13. Murcia
Sin reglamento autonómico. Se aplica el Decreto 2263/1974.

14. Navarra
Decreto Foral 297/2001, de 15 de octubre, por el que se aprueba el reglamento de sanidad mortuoria.

15. País Valenciano
Conselleria de Sanidad (2005). Decreto 39/2005, de 25 de febrero, del Consell de la Generalitat, por el que se aprueba el Reglamento por el que se regulan las prácticas de policía sanitaria mortuoria en el ámbito de la Comunidad Valenciana. DOGV 4961: 7814-31, de 8 de marzo del 2005.

Consellería de Sanidad (2009). Decreto 195/2009, de 30 de octubre, del Consell, por el que se aprueba la modificación del reglamento por el que se regulan las prácticas de policía sanitaria mortuoria en el ámbito de la Comunitat Valenciana, aprobado por el Decreto 39/2005, de 25 de febrero, del Consell. DOGV 6138: 40086-40101, de 5 de noviembre del 2009.

16. País Vasco
Departamento de Sanidad (2004). Decreto 202/2004, de 19 de octubre, por el que se aprueba el Reglamento de sanidad mortuoria de la Comunidad Autónoma del País Vasco. BOPV 221: 20898-929, de 18 de noviembre de 2004.

17. La Rioja
Consejería de salud, consumo y bienestar social (1998). Decreto 30/1998, de 27 de marzo, por el que se aprueba el Reglamento de Policía Sanitaria Mortuoria. BOR 38: 1299-ss, de 28 de marzo de 1998.

Consejería de salud, consumo y bienestar social (1998). Decreto 54/1998, de 11 de septiembre, por el que se modifica el Reglamento de Policía Sanitaria Mortuoria. BOR 111: 3449-ss, de 15 de septiembre de 1998.

18. Ciudad de Ceuta
Reglamento de sanidad mortuoria de la ciudad de Ceuta. BOCE, de fecha 21/01/2003.